ÉTUDES

SUR

LA COMBUSTION

ET SUR

LA CONSTRUCTION RATIONNELLE

DES

FOYERS INDUSTRIELS

ÉTUDES

SUR

LA COMBUSTION

ET SUR

LA CONSTRUCTION RATIONNELLE

DES

FOYERS INDUSTRIELS

PAR

A. FICHET

EXTRAIT des Mémoires de la Société des Ingénieurs civils.

PREMIÈRE PARTIE

PARIS

LIBRAIRIE POLYTECHNIQUE

DE J. BAUDRY, ÉDITEUR

A PARIS, RUE DES SAINTS-PÈRES, 15

ET A LIÉGE, RUE LAMBERT-LEBÈGUE, 19

—

1874

ÉTUDES

SUR

LA COMBUSTION

ET SUR

LA CONSTRUCTION RATIONNELLE

DES

FOYERS INDUSTRIELS

PAR A. FICHET.

L'emploi économique des combustibles et la construction rationnelle des foyers industriels ont, à plusieurs reprises, attiré l'attention des savants et des ingénieurs dans tous les pays. Il est peu de sujets qui aient été, plus que celui-là, l'objet d'études approfondies, de recherches pratiques, et cependant la question n'est pas épuisée, puisque nous voyons encore les cheminées des usines lancer dans l'atmosphère des flots de fumée, et puisque tous les jours des inventeurs proposent de nouveaux appareils fumivores promettant des économies de combustibles, et trouvent des industriels pour essayer leurs systèmes.

C'est que le combustible, tout en étant un des plus précieux agents de l'industrie, est en même temps un des plus coûteux. Au fur et à mesure que l'extension des moyens de transport augmente pour les consommateurs le champ d'approvisionnement des produits fabriqués, la lutte devient plus vive et la concurrence plus directe entre les fabricants, et ceux-ci sont obligés de rechercher toujours les moyens de réduire leurs dépenses pour abaisser leur prix de revient et l'emporter sur leurs concurrents.

En dehors de ces considérations, n'est-ce pas d'ailleurs un devoir pour les ingénieurs de songer que les amas de combustibles minéraux dont notre génération use si largement ne sont pas inépuisables; n'est-ce pas à eux qu'appartient la mission d'en étudier l'emploi économique, afin que ceux qui viendront après nous et qui exploiteront à grands frais des couches plus profondes, dont l'extraction est regardée aujourd'hui comme trop coûteuse, ne nous accusent pas justement d'avoir gaspillé des richesses qui, sagement ménagées, auraient suffi aux besoins de plusieurs générations.

Péclet, dans son Traité sur la chaleur, qui renferme une des plus remarquables études qui aient été faites sur la manière d'utiliser les divers combustibles, montre en quoi sont mauvais la plupart des foyers industriels; il indique les conditions qu'ils devraient remplir, mais il reste dans le domaine de la science et ne peut arriver à présenter un type de foyer complétement satisfaisant. Bien plus, il est obligé de déclarer qu'il n'existe et qu'il ne peut exister des foyers parfaits pour brûler les combustibles solides.

Un foyer s'approche d'autant plus de la perfection que le combustible y est brûlé d'une manière plus complète et avec la plus petite quantité d'air en excès. Or, il suffit de regarder la fumée qui s'échappe des foyers et des cheminées pour s'assurer que la combustion est incomplète, et si l'on pouvait à première vue se rendre compte de la composition du mélange gazeux dans lequel la fumée est en suspension, on verrait que l'air y est la plupart du temps en très-grand excès. Or, cet excès d'air est nuisible à bien des points de vue. D'une part, il abaisse la température des gaz de la combustion aux dépens desquels il s'échauffe, et oblige d'augmenter la surface de chauffe des appareils qui servent à utiliser la chaleur; d'autre part, il conduit nécessairement à de plus grandes dimensions de carneaux, d'où résulte une augmentation du prix de construction, et, enfin, comme les gaz qui s'écoulent par la cheminée doivent, pour que le tirage soit suffisant, posséder encore une certaine température, la quantité de chaleur perdue, de ce chef, est proportionnelle à la quantité de gaz qui passe par la cheminée.

Ainsi, dans le cas de chauffage des chaudières à vapeur, par exemple, l'excès d'air qui traverse le foyer refroidit la flamme, diminue la production de vapeur par mètre carré de surface de chauffe, et oblige d'augmenter la surface du générateur pour arriver à une production donnée de vapeur et pour refroidir suffisamment la fumée. En outre, si l'on admet que la température dans la cheminée est de 200° pour un tirage moyen, la quantité de chaleur perdue de ce côté est double ou triple de la perte normale, si on a employé une quantité d'air correspondant à deux ou trois fois la quantité théorique. La cheminée elle-même, devant évacuer plus de gaz qu'il ne serait nécessaire avec des foyers construits pour ne pas employer d'excès d'air, doit avoir de plus grandes dimensions, ou bien, comme cela n'arrive que trop souvent, on est conduit, pour avoir un tirage suffisant, à moins refroidir les gaz et à les perdre, à 300° ou à 400°.

N'est-ce pas d'ailleurs un fait singulier et bien digne d'attirer l'attention des industriels, que la divergence d'opinions qui existe entre les ingénieurs, au sujet des dimensions à donner aux foyers pour brûler une certaine quantité de combustible. Par exemple, pour ne considérer que des foyers de même nature, les foyers des chaudières, nous voyons la consommation de combustible par décimètre carré de grille, et par heure, soumise aux plus grandes variations.

Dans les chaudières de Cornouailles, elle est de $0^k,15$ à $0^k,20$.

Dans un grand nombre de chaudières à bouilleurs, elle est de $0^k,40$ à $0^k,60$.

Toutes ces grilles sont dites à combustion lente.

Dans un nombre tout aussi grand, la consommation est de $0^k,8$ à 1 kilogramme.

On les désigne sous le nom de grilles à combustion moyenne.

Enfin, avec des tirages puissants, on arrive à brûler par décimètre carré, et par heure, $1^k,2$ et même $1^k,5$ sur des grilles à combustion vive.

Avec ces différences considérables d'activité de la combustion, il semble qu'on devrait trouver des différences semblables de rendements : il n'en est rien; les rendements sont à peu près les mêmes. Il est juste de dire que la disposition des surfaces de chauffe varie suivant que la combustion est plus ou moins active, et qu'on peut, par une bonne disposition de l'appareil refroidisseur de la fumée, arriver à corriger, jusqu'à un certain point, les imperfections de l'appareil de combustion. Ainsi, dans les foyers industriels, la combustion complète que donnent les grandes grilles à faible tirage ne produit pas plus d'effet utile que la combustion incomplète sur les grilles où on brûle beaucoup de combustible avec un fort tirage. Cela tient à ce que la fumivorité n'est obtenue dans les foyers à combustion lente qu'à l'aide d'un excès d'air dont l'effet nuisible compense l'avantage résultant d'une combustion plus complète que dans ceux où la combustion est activée par un fort tirage.

Quand, au lieu de considérer les chaudières à vapeur, nous considérons les opérations industrielles qui se passent à des températures élevées supérieures au rouge, par exemple, les inconvénients de l'excès d'air dans les produits de la combustion se manifestent avec plus d'intensité.

La loi de Newton, sur la transmission de chaleur entre les solides et les gaz, nous apprend qu'il y a tout avantage à réduire, dans les opérations industrielles, la durée de la période d'échauffement, en élevant autant que possible la température des flammes, puisque la vitesse de la transmission de la chaleur est sensiblement proportionnelle à la différence des températures.

Mais les expériences de Dulong et Petit, confirmées par celles de Péclet, nous montrent que la loi de Newton est inexacte, surtout aux températures élevées, qu'en réalité la vitesse de transmission de la chaleur varie beaucoup plus rapidement que l'excès de température, et qu'en ne tenant compte que de la transmission de chaleur provenant du contact, la vitesse est déjà

$$V = n\, t^{1.233},$$

n étant un coefficient qui dépend de la forme et de l'étendue de la surface des corps.

Il serait intéressant, en parlant des lois de transmission de la chaleur, d'examiner pour diverses industries l'influence de la température des flammes sur la durée des opérations, et de déterminer les différences d'effet utile des combustibles employés à produire de hautes températures, en faisant varier l'excès d'air dans les gaz de la combustion ; mais cette étude sommaire sur les foyers ne comporte pas de pareils développements, et, de ce qui précède, nous ne devons retenir qu'un point, c'est que, pour toutes les opérations où il s'agira d'échauffer des corps solides en les plongeant dans un milieu de gaz à haute température, plus la température que devra prendre le corps solide sera élevée, et plus on devra s'attacher, par de bonnes dispositions du foyer et de l'ensemble des appareils, à augmenter la différence de température entre le corps à échauffer et le milieu dans lequel il est plongé.

Aujourd'hui, ces vérités commencent à pénétrer dans la pratique industrielle, et toutes les personnes qui s'occupent de métallurgie savent que l'avenir de cette industrie est plus que jamais dans la production et le maniement des températures les plus élevées.

Les progrès accomplis dans cette voie, depuis quelques années, sont remarquables; il nous sufira de citer Ebelmen, Thomas, Laurens, Siemens, Boétius, Bessemer, Ponsard, etc., dont les noms marquent autant de succès obtenus dans l'art de produire et d'utiliser les hautes températures.

Les progrès dont nous avons à nous occuper ici sont d'un ordre plus modeste, et les températures, dont la production économique appellera notre attention, seront celles que nous pouvons appeler moyennes, c'est-à-dire celles qui commencent au rouge sombre pour s'élever au maximum jusqu'au rouge blanc, soit, depuis 500° jusqu'à 1000 à 1100 degrés environ.

Un très-grand nombre d'industries emploient ces températures, et pour montrer l'importance du sujet, il nous suffit de nommer la cuisson de la chaux, celle des ciments et des produits céramiques, la fabrication du gaz d'éclairage, la carbonisation du bois et de la houille; un grand nombre d'industries chimiques, la fabrication de la soude, la calcination des os, la révivification du noir animal, et enfin le groupe nombreux des appareils évaporatoires et de vaporisation qui comprend tous les systèmes de chaudières à vapeur.

En nous imposant dans cette étude le rouge blanc comme limite supérieure des températures, dont nous étudierons la production et l'emploi, nous écartons tout un ensemble de difficultés qui se rencontrent aux températures supérieures, et nous n'aurons pas à nous occuper de la dissociation, qui, dans ces dernières années, a fait l'objet des remarquables travaux de MM. Deville et Debray; mais nous aurons à envisager bien d'autres difficultés, et, pour les faire saisir, il convient tout d'abord de définir la combustion et d'examiner les phénomènes auxquels elle donne lieu.

Nous n'envisagerons dans toute la série des combustions que celles qui résultent de l'union de l'oxygène de l'air, gaz comburant par excellence, avec le carbone et l'hydrogène qui, soit isolés, soit combinés, constituent toute la partie combustible de ce que l'on peut appeler les combustibles industriels, solides, liquides et gazeux.

Pour que la combustion puisse avoir lieu, il faut d'abord assurer le contact entre l'oxygène et le corps combustible auquel il doit se combiner, et il faut, en outre, que l'affinité chimique entre les deux substances soit assez développée pour que leur combinaison puisse s'effectuer.

De ce que les combustibles exposés à l'air ne prennent pas feu spontanément, il n'en faut pas conclure que l'affinité n'existe pas entre l'oxygène et le combustible. Elle existe; seulement dans les circonstances ordinaires elle n'est pas suffisamment développée pour que la combustion commence sans l'intervention d'une cause extérieure.

Parmi les moyens de développer l'affinité chimique, un des plus répandus est l'élévation de température, soit du gaz comburant, soit du corps combustible, soit des deux ensemble. Un courant d'air suffisamment chaud enflamme le bois et le charbon, et ces corps une fois allumés continuent de brûler dans l'atmosphère, à moins que, par une cause quelconque, la surface incandescente ne vienne à se refroidir, ce qui arrive quand le courant d'air est trop vif (bougie soufflée) ou quand la chaleur se perd par rayonnement (morceau de coke allumé et exposé à l'air).

Quand l'oxygène et un corps combustible sont en présence l'un de l'autre, bien des causes peuvent produire l'élévation de température nécessaire pour commencer la combustion : le frottement, la fermentation, le choc, l'étincelle électrique, la concentration des rayons solaires, l'approche d'un corps en ignition, etc.

Une fois la combustion commencée, elle est d'autant plus rapide que le contact du combustible et de l'oxygène est plus intime et plus complet : ainsi des copeaux enflammés brûlent plus vite que du bois en morceaux; le lycopode répandu dans l'air y brûle presque instantanément, et si nous considérons le cas d'un mélange tout à fait intime, tel qu'on le produit en réunissant dans un même recipient de l'oxygène et un gaz combustible, comme le gaz d'éclairage, la combustion est tellement rapide qu'elle a lieu avec explosion dans un temps infiniment court.

De là ces deux règles si simples, qu'il serait superflu de les énoncer, si elles n'avaient été négligées bien souvent dans la construction des foyers, que, *pour obtenir une combustion aussi complète que possible dans le minimum de temps*, il faut et il suffit :

1° De *rendre le contact du combustible et de l'oxygène de l'air aussi parfait que possible;*

2° De *maintenir pendant tout te temps de la combustion une température assez élevée pour que l'affinité chimique détermine la combinaison des corps en présence.*

Cette dernière condition, facile à énoncer, n'est pas toujours facile à réaliser dans la pratique; et pour bien faire saisir la nature des difficultés, considérons un cas très-simple, celui du mélange intime de l'air avec un gaz combustible, l'oxyde de carbone par exemple. Le mélange étant renfermé dans un eudiomètre, les proportions suivant lesquelles chacun des deux gaz entreront dans le mélange auront la plus grande influence sur la manière dont s'effectuera la combustion.

Ainsi, si le volume de l'oxyde de carbone étant 1 celui de l'air est 2 1/2, en enflammant le mélange avec une étincelle électrique la combustion aura lieu avec explosion et sera complète. Si les volumes de l'oxyde de carbone et de l'air sont égaux, il pourra arriver que le passage de l'étincelle dans le mélange ne détermine aucune combustion. Si alors on élève la température du mélange gazeux, en chauffant, par exemple, le vase qui les contient, on pourra, en faisant passer l'étincelle dans les gaz chauds, déterminer la combinaison de l'oxygène avec une portion de l'oxyde de carbone. Cette variation de combustibilité provient de l'azote qui se trouve mélangé à l'oxygène de l'air et qui joue, vis-à-vis des autres gaz, le rôle d'un dissolvant inerte.

Pour bien montrer le rôle des gaz inertes, prenons un exemple dans un autre ordre d'idées.

Si nous plaçons sur notre langue un grain de sel, nous en sentons le goût, si petit que soit le morceau. Mais si nous prenons un morceau semblable et le faisons fondre dans un verre d'eau, nous ne sentirons aucun goût en buvant le verre d'eau, et cependant la quantité de sel absorbée dans les deux cas sera la même. Par sa dissolution dans une grande quantité d'un liquide insipide comme l'eau, le sel a perdu sa saveur qui est une de ses propriétés, ou du moins elle a été en s'affaiblissant au fur et à mesure que ses molécules se distendaient, et finalement est devenue insensible pour nos organes. Remarquons en passant que le sel occupe toute la masse de l'eau et que chaque goutte de liquide en renferme une quantité égale.

On ferait une comparaison analogue avec un mélange d'eau et de vin. Au fur et à mesure qu'on ajoute de l'eau, les propriétés du vin, sa saveur, sa couleur vont en diminuant et son volume augmente. Mais la couleur affaiblie, tout en étant encore perceptible, nous montre que le vin, comme l'eau, occupe toujours tout l'espace dans lequel le mélange est contenu.

Il se produit avec les gaz des phénomènes tout à fait analogues.

Si nous introduisons sous une cloche renversée sur l'eau un mélange à équivalents égaux d'oxygène et de gaz combustible, d'oxyde de carbone, par exemple, en faisant passer une étincelle électrique, l'explosion se produit, et si les parois ne sont pas très-résistantes la cloche est brisée par la violence de l'explosion.

Dans une cloche semblable, introduisons le même mélange explosif et en même quantité, et ajoutons-y son volume d'un gaz inerte, acide carbonique ou azote. Le volume du mélange explosif augmente comme le volume du vin augmentait tout à l'heure, puisque les gaz, en vertu de leur force élastique, remplissent toujours les espaces qui les contiennent. Si nous faisons passer l'étincelle électrique, l'explosion se produira encore, mais moins forte que la première fois, et la cloche ne sera pas brisée. Recommençons l'expérience plusieurs fois, toujours sur la même quantité de mélange explosif, mais en augmentant à chaque fois le volume du gaz inerte, la force de l'explosion ira toujours en diminuant. Bientôt la combustion ne sera plus complète, par le passage d'une seule étincelle électrique, et il faudra recommencer deux, trois et quatre fois l'inflammation.

Enfin, la quantité de gaz inerte dans laquelle sont diluées les molécules du mélange explosif augmentant au delà de certaines limites, le passage, même répété de l'étincelle électrique, ne pourra plus déterminer la combinaison de l'oxygène et de l'oxyde de carbone, dont les molécules sont cependant intimement melangées.

Nous pouvons donc en conclure que :

De même que les molécules du sel ou du vin en se distendant dans le verre d'eau voyaient décroître, petit à petit, leur saveur et leur couleur, au fur et à mesure qu'elles occupaient un plus grand volume, ainsi, dans le second cas, les gaz combustibles, dans cette sorte de dilution dans des gaz inertes, voient décroître l'énergie de leurs propriétés, et l'étincelle électrique, qui, lorsque la tension était suffisante, élevait la température de deux molécules voisines assez pour exalter leur affinité chimique, au point de déterminer leur combinaison, reste sans action sur les molécules distendues.

Au contraire, vient-on à resserrer les molécules, à augmenter leur tension, soit en enlevant du gaz inerte, soit en comprimant le mélange, la combustibilité reparaît, et le passage de l'étincelle ou l'approche d'un corps enflammé déterminent en un point la combustion qui se propage dans toute la masse.

L'expérience nous montre, en outre, que l'élévation de température, en exaltant l'affinité chimique des corps en présence, peut les rendre combustibles à de faibles tensions, soit que ces tensions faibles soient produites par une raréfaction de la pression dans le vase qui renferme le mélange, soit qu'elles soient causées par l'introduction d'une certaine quantité de gaz inerte dans un mélange à pression constante.

On vérifie ces propriétés des gaz par l'expérience directe, et nous en citerons deux que l'on fait quelquefois dans les cours de chimie élémentaire.

Sous la cloche de la machine pneumatique on place une bougie allumée et on commence à faire le vide.

Aux premiers coups de piston, on voit la flamme s'allonger et devenir rouge et fumeuse, de blanche et claire qu'elle était, et bientôt elle s'éteint.

Si l'on fait l'analyse du gaz qui reste à ce moment sous la cloche, on voit que l'oxygène est loin d'être épuisé.

Si, au lieu de faire le vide sous la cloche, on laisse la bougie brûler tranquillement, la flamme passe par la même série de perturbations et s'éteint également avant que tout l'oxygène de la cloche ait été absorbé par la combustion.

La comparaison des deux analyses après l'extinction montre en outre que, dans le premier cas, la richesse en oxygène du gaz restant est plus grande que dans le second; mais la combustion s'est arrêtée plus tôt parce que la raréfaction de l'air a amené une diminution de tension de l'oxygène, dont l'effet s'est ajouté à celle produite par la formation de l'acide carbonique.

Il se produit dans les foyers industriels des phénomènes absolument analogues.

L'air extérieur appelé par le tirage de la cheminée traverse la couche de combustible répartie sur la grille et une portion de l'oxygène se transforme en acide carbonique. L'air déjà appauvri par ce fait rencontre les gaz combustibles qui forment les flammes et la transformation de l'oxygène en acide carbonique continue jusqu'à ce que dans le mélange gazeux la tension de l'oxygène et des gaz combustibles soit devenue assez faible pour que, malgré l'élévation de température, l'affinité chimique ne puisse plus déterminer leur combinaison.

N'est-il pas évident que si l'oxygène n'est pas en assez grand excès pour conserver jusqu'à la fin de la combustion une tension suffisante, il restera une certaine quantité de gaz combustible non brûlé, alors surtout que les parois du générateur, s'il s'agit de chaudières, auront déjà absorbé une certaine quantité de chaleur et auront ainsi en abaissant la température contribué à diminuer l'énergie de l'affinité chimique, qui aurait eu besoin au contraire d'être d'autant plus forte que la tension des gaz qui doivent se combiner devenait plus faible.

L'analyse des gaz qui s'échappent des foyers de générateurs a été faite bien souvent et a montré que, pour obtenir une combustion à peu près complète, il faut employer une quantité d'air double ou triple de la quantité théorique et quelquefois davantage; encore arrive-t-il souvent qu'au contact des parois froides de la tôle la flamme s'éteint en produisant un dépôt de noir de fumée qui s'attache à la surface de la chaudière et la recouvre d'une sorte d'enduit qui s'oppose au passage de la chaleur.

Ces foyers sont donc mauvais pour la plupart, et dans leur construction on n'a pas tenu compte des deux lois que nous avons énoncées plus haut, savoir :

Mélange intime du combustible avec l'oxygène;

Maintien jusqu'à la fin de la combustion d'une température suffisamment élevée pour que l'affinité chimique s'exerce malgré la diminution de tension des gaz combustibles et comburants, diminution qui provient de la formation de l'acide carbonique en quantité toujours croissante et de la présence de l'azote.

Lorsqu'un combustible en gros morceaux est répandu sur une grille traversée par un courant d'air, on ne peut pas dire qu'il y ait mélange intime de l'air et du combustible, puisque la surface seule des morceaux est au contact de l'air.

Pour que deux corps puissent être mélangés intimement, il faut absolument qu'ils soient tous deux ou liquides on gazeux. La pulvérisation de diverses substances solides permet bien d'en opérer le mélange jusqu'à un certain point, mais toujours le microscope permet de reconnaître les divers éléments d'un pareil mélange et de les séparer.

Lorsqu'au contraire on mélange deux liquides comme l'eau et le vin, ou deux gaz comme l'oxygène et l'oxyde de carbone, il y a réunion complète des éléments. Il n'y a pas une molécule qui ne renferme à la fois les deux substances. Le mélange est complet et intime dans toute l'acception du mot.

De l'observation de cette vérité est née la pensée de transformer les combustibles solides en gaz et de les mélanger intimement en cet état avec l'oxygène de l'air pour opérer la combustion.

C'est à un Français, Ébelmen, ingénieur des mines, qu'est due cette idée de transformer les combustibles solides en combustibles gazeux, et c'est également lui qui l'a mise à exécution le premier.

Dans un Mémoire présenté à l'Académie des sciences le 24 janvier 1842, dans lequel il exposait les résultats d'expériences qu'il venait de faire aux forges d'Audincourt pendant l'année précédente, il a signalé à l'attention des ingénieurs et des savants le parti que l'on pouvait tirer des débris de charbon de bois et des combustibles de peu de valeur, en les soumettant dans des gazogènes à l'action d'un courant d'air forcé à haute température, pour les transformer en oxyde de carbone, et en employant ce gaz comme combustible aux diverses opérations de la métallurgie du fer.

Il ne lui a pas été donné d'assister à la transformation opérée dans l'industrie métallurgique par l'application des idées qu'il avait si nettement formulées dans ce Mémoire, et dans ceux qui sont venus ensuite compléter sa pensée et indiquer les moyens de la mettre en pratique; la mort l'a enlevé avant qu'il ait eu le temps de mettre la dernière main à son œuvre, et au moment ou il se proposait d'appliquer ses idées à la construction des fours de la Manufacture de Sèvres dont il était devenu directeur.

Mais on retrouve, dans les Mémoires et dans les notes qu'il a laissés, le principe de tous les appareils qui ont été construits depuis, pour transformer les combustibles solides en combustibles gazeux et utiliser les gaz produits.

Emploi de l'air, soufflé et non soufflé.

Emploi de la vapeur d'eau, surchauffée ou non.

Emploi de l'air, chaud ou froid, soit pour produire les gaz, soit pour les brûler.

Division de l'air et du gaz en lames minces, pour produire le mélange parfait, et récupération de la chaleur employée à chauffer l'air nécessaire à la combustion des gaz.

Ces idées étaient trop nouvelles et trop hardies pour être adoptées de suite par les industriels. Un petit nombre d'ingénieurs seulement, parmi lesquels nous devons citer MM. Thomas et Laurens, continuèrent à s'occuper de ces questions; mais ce ne fut guère qu'après vingt années qu'elles entrèrent dans la pratique industrielle, à la suite des remarquables perfectionnements apportés par Siemens.

Aujourd'hui, les gazogènes sont devenus d'un emploi général; les usines métallurgiques, les fabriques de glaces, les cristalleries, les verreries et beaucoup d'autres industries ne construisent plus d'autres foyers, et l'on peut sans crainte annoncer que, dans quelques années, ils auront, dans toutes les industries, remplacé tous les foyers de quelque importance.

On commence à les employer pour de petits foyers, et déjà on peut citer plusieurs usines qui s'en servent, avec avantage, pour des foyers qui ne brûlent que 15 à 20 kilogrammes de combustible par heure.

Quand on étudie cette question de la transformation des combustibles solides en combustibles gazeux et qu'on passe en revue toute la série des progrès accomplis depuis une dizaine d'années, soit dans la manière de produire les gaz, soit dans les moyens d'utiliser la haute température qu'ils développent en brûlant, il semble, au premier abord, qu'il ne doit pas rester beaucoup d'améliorations à rechercher. Il n'en est rien. Si les principes généraux de la construction des gazogènes sont établis d'une manière indiscutable, il reste encore bien des perfectionnements de détails à trouver pour rendre les combustibles gazeux applicables, avec avantage, à toutes les opérations industrielles, et la preuve en sera fournie par les diverses industries que nous allons passer en revue.

Chauffage des fours à fabriquer le gaz d'éclairage, par distillation de la houille.

En 1869, M. E. Muller, ancien président de la Société des Ingénieurs civils, ayant occasion de réparer et de faire construire à nouveau, tant dans son usine d'Ivry que dans sa clientèle d'ingénieur, des fours destinés à la cuisson des produits céramiques, des tuiles et matériaux réfractaires, et désireux, naturellement, de réaliser autant que possible des économies de combustible, commença une longue série d'études et d'expériences sur l'application des foyers à gaz à l'industrie céramique. Déjà des essais avaient été faits à plusieurs reprises et avaient été abandonnés. Les résultats n'étaient pas encourageants, et il ne fallait pas songer à marcher dans la même voie que les devanciers. Aussi avec M. Muller, dont j'étais devenu le collaborateur au cours de ces essais, nous dûmes étudier, en suivant d'autres voies, la construction des nouveaux fours, et les modifier au fur et à mesure que l'expérience nous apprenait à mieux tirer parti des gaz fournis par les divers combustibles.

Des expériences de cette nature demandent des années de travail. Aussi, bien qu'elles soient près d'être terminées, devons-nous remettre à plus tard la publication des résultats obtenus. Nous pouvons dire cependant, dès aujourd'hui, que le succès nous semble assuré et que les fours nouveaux permettront de cuire les produits céramiques de toute nature, briques, tuiles, poteries, faïences, porcelaine, avec économie de temps, de main-d'œuvre et de combustible. Relativement aux produits réfractaires, l'emploi des combustibles gazeux, en donnant les moyens d'en opérer la cuisson à des températures inusitées jusqu'à ce jour, et supérieures ou égales à celles auxquelles ils auront à résister plus tard, les mettra à l'abri du retrait provenant de surcuisson, et leur donnera des qualités telles, que l'on peut espérer que l'avantage restera aux matériaux réfractaires dans la lutte engagée entre les températures dont la métallurgie a besoin, et la résistance des parois des fours dans lesquelles doivent se passer les opérations.

Au cours de ces essais et études, M. Muller, que la fabrication des produits réfractaires mettait en relation avec les constructeurs d'usines à gaz, communiqua à un praticien connu, M. Eichelbrenner, qui s'occupait spécialement de cette industrie, ses idées nouvelles sur la construction des foyers, et il fut convenu que l'application en serait faite à l'un des fours de l'usine à gaz de Montreuil, que M. Eichelbrenner construisait à cette époque. Après quelques modifications de détails, le succès fut obtenu d'une manière complète, et, lorsqu'il fut bien constaté que les résultats économiques se maintenaient d'une manière régulière et constante en marche industrielle, les nouveaux fours ne tardèrent pas à se répandre.

Aujourd'hui, les fours de ce système sont installés dans un grand nombre d'usines, où ils fonctionnent tantôt exclusivement, tantôt à côté des anciens fours, que l'on transforme au fur et à mesure qu'ils ont besoin d'être réparés.

Cette marche parallèle des deux systèmes dans les mêmes établissements a permis de faire un grand nombre d'expériences comparatives, de telle sorte que les résultats économiques que nous indiquons dans cette étude ont pu être établis d'une manière indiscutable.

Les résultats varient quelque peu d'une usine à l'autre parce que, dans la plupart des cas, les anciens fours ont été conservés et on s'est contenté d'y appliquer le nouveau mode de chauffage, ce qui se fait du reste sans difficultés. Les résultats économiques constatés dans tous ces établissements permettent d'affirmer que les nouveaux fours peuvent soutenir avantageusement la comparaison avec les fours construits par la Compagnie parisienne et dans lesquels on a adopté également le chauffage par gazogènes, mais en se servant du système Siemens, modifié par les ingénieurs de la Compagnie. Si l'on compare les consommations des différents systèmes de fours aujourd'hui en usage, en prenant pour terme de comparaison la quantité de coke consommée pour la distillation de 100 kil. de houille, et en admettant que la houille perde à la distillation 30 pour 100 de son poids et fournisse par conséquent 70 kil. de coke, nous croyons pouvoir dire que les moyennes de consommation des divers systèmes sont à peu près les suivantes :

Avec les anciens fours, c'est-à-dire chauffés avec des grilles ordinaires, fours à 8 cornues de la Compagnie parisienne, groupés par batterie de 16 fours et plus, marchant tous ensemble, 24^{k},5 de coke consommé pour 100 kil. de houille distillée.

Fours à 5, 6 et 7 cornues marchant isolément dans diverses usines, et ayant par conséquent toutes leurs faces exposées au refroidissement, 30 à 35 kil. de coke pour 100 kil. de houille. Dans un très-grand nombre d'usines, avec des fours en mauvais état, on a trouvé des consommations de 50 kil. et plus pour 100 kil. de houille.

Fours nouveaux, c'est-à-dire chauffés par des gazogènes; fours de la Compagnie parisienne, à 8 cornues, groupés par batterie et marchant tous ensemble, 18 à 19 kil. de coke par 100 kil. de houille distillée.

Fours du système Muller et Eichelbrenner (derniers construits), à 5, 6, et 7 cornues, marchant isolément ou groupés deux à deux, 17^{k},5 de coke par 100 kil. de houille distillée.

Ainsi, tandis que les foyers à grille consomment 35 à 50 pour 100 du coke fabriqué, les foyers à gazogène ne consomment que 25 à 27 pour 100.

Pour trouver les motifs de cette économie, il faut comparer le mode de construction et de fonctionnement des deux systèmes.

Dans les fours munis de foyers à grilles, les chauffeurs bourrent le foyer d'autant de coke qu'il en peut contenir afin de se ménager de longs intervalles de repos, et aussi parce qu'il est bien difficile de leur faire comprendre que la quantité de chaleur que produit un foyer n'est pas du tout proportionnelle à l'épaisseur de combustible chargé sur la grille. Avec cette méthode de chargement à outrance, ils obtiennent une combustion incomplète, et produisent de très-grandes quantités d'oxyde de carbone qui traverse le four sans y rencontrer assez d'air pour se brûler et qui s'en va en pure perte dans la cheminée.

Si, au lieu de charger leur foyer de cette manière, ils le négligent comme cela n'arrive encore que trop souvent, et s'ils laissent pendant quelque temps la grille recouverte d'une épaisseur de combustible insuffisante, il passe au travers de la grille un excès d'air qui refroidit les produits de la combustion, et abaisse la température du four.

Dans un cas comme dans l'autre la distillation est mauvaise. Il y a bien un juste milieu, et une épaisseur de combustible qui correspond à une bonne marche ; mais, soit par suite de difficultés de surveillance, soit par tout autre motif, dans la plupart des usines à gaz il est rare de trouver un foyer convenablement alimenté.

D'ailleurs, l'alimentation à épaisseur convenable exige du soin et de l'intelligence ; il faut charger peu à la fois et repartir également le combustible sur la grille, ce qui oblige d'ouvrir fréquemment la porte, et chaque fois l'air extérieur froid s'introduit par la porte ouverte, ce qui peut faire fendre les cornues, et est en tout cas une cause de refroidissement. Le décrassage des grilles occasionne des entraînements de cendres qui se déposent sur les cornues et empêchent la transmission de la chaleur, si on n'a pas la précaution de les nettoyer de temps en temps.

L'emploi des gazogènes Muller et Eichelbrenner a remédié à tous ces inconvénients. L'épaisseur de la couche de combustible traversée par l'air étant constante, il suffit une fois pour toutes de régler le registre du gazogène pour assurer la régularité de la production du gaz : par le règlement du registre d'air on effectue la combustion complète du gaz dans le four sans excès d'air; on a donc dans le four une production de chaleur absolument régulière. Comme les orifices de gaz sont répartis dans toute la longueur du four et réglables à volonté, on produit dans tous les points du four une température régulière, difficile à obtenir avec les grilles qui chauffent toujours un point plus que les autres. On n'a jamais à ouvrir de portes de foyers, donc pas de rentrées d'air qui font, outre la perte, casser les cornues. Il n'y a aucun entraînement de cendres qui empêchent la transmission de la chaleur.

Le chargement du combustible ne se faisant que tous les 8 ou 12 heures, on réalise une grande économie de main-d'œuvre, et en peu de jours on fait du premier manœuvre venu un excellent chauffeur. Le gaspillage du combustible est absolument impossible, les ouvriers ne pouvant charger dans la trémie plus de combustible qu'elle n'en peut contenir; de là une simplification du service et de la surveillance et une économie de combustible : en somme beaucoup d'avantages et pas un seul inconvénient.

L'examen des dispositions des gazogènes et des fours montre comment ces résultats ont été obtenus.

Les figures 1, 2, 3, 4, représentent deux fours à 7 cornues, accolés, avec un gazogène placé en arrière dans l'axe du mur de séparation des deux fours, et disposé de manière à pouvoir chauffer à volonté l'un ou l'autre des deux fours ou les deux ensemble.

Le gazogène, dont la figure 4 représente la coupe verticale, se compose d'une trémie A qui a la hauteur du four et des dimensions proportionnées à la quantité de gaz à produire par 24 heures. Une grille à gradins B, placée à la partie inférieure, empêche le combustible de tomber en dehors et sert à l'introduction de l'air. La trémie est complétement remplie de coke. Ce coke brûle à la partie inférieure dans toute la hauteur comprise entre la grille B et les orifices de sortie du gaz *h*, et l'épaisseur de combustible traversée est telle, que l'oxygène de l'air, après s'être transformé en acide carbonique, se convertit en oxyde de carbone, gaz combustible, qui, sortant par les conduits *h*, se rend dans le canal S, placé dans l'axe de four, à la partie inférieure. Un registre *r*, placé sur le parcours, sert à régler l'écoulement du gaz. Le conduit S, qui traverse le four dans toute sa longueur, est muni, à sa partie supérieure, d'un certain nombre d'orifices par lesquels le gaz se rend dans le four, formant ainsi une véritable rampe de flamme. De chaque côté des becs de gaz, l'air chaud destiné à la combustion est amené des carneaux *a* par des conduits inclinés qui le dirigent sur les jets de gaz.

La flamme ne s'élève pas verticalement jusqu'à la cornue du milieu qu'elle pourrait détériorer, mais elle rencontre une dalle réfractaire contre laquelle elle vient se briser.

Ce changement de direction a, en outre, pour but et pour effet de diriger la flamme contre les cornues du bas, de chaque côté, qui sont souvent moins chauffées que les autres dans les fours ordinaires. Après avoir passé entre les cornues, la flamme gagne le sommet de la voûte et se rabat ensuite de chaque côté, passe sous les cornues inférieures et se rend par les conduits *f* à la cheminée.

Quant à l'air nécessaire à la combustion du gaz, il s'introduit dans les conduits *a* par une ouverture munie d'un registre, circule dans l'épaisseur de la maçonnerie ou dans des tuyaux métalliques chauffés par les conduits *f* de fumée, dont la chaleur se trouve ainsi utilisée, et il arrive après cette circulation aux orifices brûleurs.

La trémie est construite en briques et munie d'une chemise intérieure réfractaire; elle se ferme à la partie supérieure par une plaque de fonte qu'on lute avec un peu de terre, ou qui entre dans une rainure qu'on remplit de poussière.

Le rôle du chauffeur se borne à remplir la trémie deux ou trois fois par vingt-quatre heures et à faire une fois par jour le décrassage de la grille. Son travail est donc aussi réduit que possible.

A l'aide des registres de gaz et d'air, on règle les proportions respectives des deux gaz qui doivent être introduits dans le four, pour que la combustion soit complète, sans excès de l'un ou de l'autre, et avec le registre de la cheminée on modifie à volonté la température du four. Une fois les registres réglés, on n'y touche plus tant que le four reste allumé, ce qui peut durer aussi longtemps que les cornues n'ont pas besoin d'être remplacées, c'est-à-dire un an et quelquefois davantage.

En effet, il est facile de comprendre que les cornues étant toujours à une température parfaitement égale, et n'étant jamais exposées aux courants d'air froid qui dans les fours ordinaires s'introduisent par la porte, quand on l'ouvre pour charger les fours, leur durée doit se trouver notablement augmentée.

La trémie n'étant ouverte qu'aux heures de chargement, et le chauffeur ne devant toucher à son feu qu'une fois ou deux par jour pour faire le décrassage, le gaspillage du coke est impossible. Le gazogène brûle toujours la même quantité dans le même temps, et on ne peut faire varier la consommation qu'en variant l'ouverture des registres.

Quant au prix d'installation des fours Muller et Eichelbrenner, il varie évidemment suivant les localités avec le prix des matériaux et de la main-d'œuvre; mais l'examen du dessin montre qu'il ne peut jamais être bien élevé. Sauf les brûleurs, qui sont en pièces spéciales réfractaires, et qui avec les divers canaux représentent un poids de 2 000 kilogrammes au maximum, rien n'est changé aux fours ordinaires.

La trémie représente, suivant ses dimensions, de 4 à 6 mètres cubes de maçonnerie.

Avec ces données, tout industriel peut se rendre facilement compte du prix de revient d'installation.

Les figures 5, 6, 7, 8, représentent un ensemble de deux fours à trois cornues convenables pour des papeteries, des sucreries et généralement pour des usines qui fabriquent leur gaz elles-mêmes.

Un gazogène suffit pour les deux fours. On l'a figuré à l'extrémité du massif. On peut marcher avec les deux fours en hiver, et avec un seul en été. L'emplacement du gazogène varie à volonté. Pour les fours isolés, on le place tantôt derrière, tantôt sur le côté; cela dépend uniquement de l'emplacement disponible.

Comme dans la planche précédente, la lettre A désigne la trémie du gazogène, B la grille, *h* le conduit de sortie du gaz, *r* le registre, S le canal de gaz, *a* les conduits d'air et *f* les conduits de fumée.

En indiquant les résultats économiques obtenus par le nouveau système, nous avons fait remarquer qu'avec ces appareils très-simples, et d'une conduite très-facile, la consommation de coke par 100 kilogrammes de houille distillée atteignait à peine celle constatée dans les grands fours de la Compagnie parisienne rangés en batterie et chauffés à l'aide des gazogènes Siemens, modifiés par la Compagnie.

En faisant cette comparaison, nous n'avons pas la pensée de critiquer le système Siemens, qui a suffisamment fait ses preuves pour être à l'abri de toute atteinte; mais il nous a semblé que, devant la Société des Ingénieurs civils, plus que partout ailleurs, et précisément parce que chacun de nous est au courant des progrès accomplis grâce à ces appareils dans l'industrie métallurgique, on pouvait, sans aucune arrière-pensée, critiquer l'application spéciale qui en a été faite à l'industrie du gaz d'éclairage et dire que les résulats obtenus ne répondent pas à ce que l'on était en droit d'espérer après des dépenses aussi grandes. Ce n'est pas la faute du système de chauffage, mais il est arrivé dans ce cas, comme dans bien d'autres, que l'application à une industrie nouvelle d'appareils combinés pour les besoins d'une autre industrie n'a pas donné, dans le second cas, des résultats aussi complétement satisfaisants que dans le premier.

Il faut, pour bien se rendre compte de cela, remonter à l'origine des gazogènes et voir dans quel ordre d'idées ont travaillé les différents ingénieurs qui les ont inventés et successivement perfectionnés.

Si le combustible est encore aujourd'hui mal utilisé dans un grand nombre de foyers, c'était bien autre chose il y a une trentaine d'années, alors que l'industrie était encore dans son enfance. Il n'est donc pas étonnant que l'attention des ingénieurs se soit dirigée tout d'abord vers les usines dont les foyers utilisaient le moins bien la chaleur et vers celles qui, par leur importance, tenaient les premiers rangs parmi les consommateurs.

La métallurgie tenait *le premier rang.*

C'est elle qui emploie les plus hautes températures, qui possède le plus grand nombre de foyers, et, avant les travaux d'Ebelmen, on pouvait dire hardiment qu'il n'y avait pas une industrie qui employât plus de combustible et pas une qui l'utilisât aussi mal.

Ebelmen étudia la question, à la fois comme savant et comme praticien. En même temps qu'il faisait au laboratoire ses recherches analytiques sur la composition des gaz des hauts fourneaux et des foyers d'affinerie, il s'installait dans les forges de la Franche-Comté, construisait ses gazogènes et ses fours métallurgiques dans les usines où se fabriquait le fer, empruntait l'air forcé, nécessaire à la marche de ses appareils, aux puissantes souffleries d'Audincourt et de Clerval, et contrôlait, par des expériences vraiment industrielles, les résultats scientifiques que les travaux du laboratoire lui faisaient découvrir.

Ayant constamment à sa disposition de l'air sous pression fourni par les machines soufflantes, il en usa largement et put, grâce à la commodité de ses installations, mener à bonne fin les travaux remarquables qui lui avaient valu, bien jeune encore (il avait trente-deux ans), une célébrité universelle dans le monde savant.

Le temps lui a manqué pour vulgariser l'emploi des gazogènes, pour montrer que les fortes pressions d'air ne sont pas indispensables à leur bon fonctionnement et que le simple tirage d'une colonne de gaz échauffés suffit pour faire traverser à l'air les couches épaisses de combustible qui doivent se transformer en gaz.

Cependant chacun avait lu ses Mémoires et avait vu que toujours ses appareils fonctionnaient avec des pressions de 25 à 40 centimètres d'eau, et comme les souffleries de cette puissance sont rares, et qu'on s'habituait à les croire nécessaires, ses appareils ne se répandirent pas.

Sauf un très-petit nombre d'ingénieurs, contemporains ou successeurs d'Ebelmen, qui avaient connu ses travaux, et dont l'attention était éveillée, on oublia bientôt Ebelmen et ses expériences. Pendant près de vingt ans les usines métallurgiques, dont le nombre et l'importance augmentaient chaque jour, continuèrent à se faire remarquer entre toutes les industries, par les quantités toujours croissantes de houille que leurs foyers engloutissaient chaque jour, et par les torrents de flammes qui s'échappaient de leurs hautes cheminées. La température était même si élevée qu'il fallait les construire en briques réfractaires et les garnir de solides armatures pour les mettre en état de résister à la chaleur perdue des fours.

Après les travaux de MM. Thomas et Laurens, Siemens arriva avec tout un ensemble de dispositions savamment étudiées, et dont une expérience de plusieurs années dans les usines d'Angleterre avait démontré la valeur pratique.

Il présenta aux industriels toute une série d'appareils, leur indiqua où ils pouvaient les voir fonctionner, leur dit les résultats obtenus, et leur montra ceux qu'il était permis d'espérer.

Les machines soufflantes n'étaient plus nécessaires, une simple cheminée pouvait les remplacer. Les constructions étaient compliquées, il est vrai, et rompaient avec la routine traditionnelle, mais la marche des appareils était des plus simples.

Les dépenses d'installations étaient considérables : il fallait reconstruire les fours, remanier le sol des usines, l'abaisser sur certains points, l'élever sur d'autres, établir au-dessous des fours, qui jusqu'alors reposaient sur le sol, des chambres voûtées et des galeries; bref, c'était une révolution, dans la bonne acception du mot. Mais l'économie était grande, et d'autant plus tentante que les principes du libre échange nouvellement appliqués rendaient la lutte industrielle plus vive.

Après quelques hésitations, les premières installations furent entreprises, bientôt le succès ayant dépassé toutes les espérances, les nouveaux procédés se répandirent rapidement, et en peu d'années la transformation des usines métallurgiques fut accomplie.

Cependant, le prix élevé des installations arrêta bien des industriels et eut pour effet de limiter à la métallurgie, tout d'abord, puis à la verrerie, et encore seulement dans les grands établissements, les applications des appareils Siemens. Ce fut un de nos collègues, M. Clémandot, qui le premier en France appliqua les procédés Siemens à la verrerie dans la cristallerie de Clichy, dont il était directeur.

Un grand nombre d'industriels auraient bien désiré profiter des avantages du sytème, mais se trouvaient arrêtés par la dépense à faire tout d'abord pour l'installer.

Sous cette impression se sont écoulées encore une dizaine d'années, pendant lesquelles un certain nombre d'ingénieurs étudièrent la question à un autre point de vue. Ils s'appliquèrent par dessus tout à la recherche de formes et d'appareils plus simples et plus économiques que ceux de Siemens, et aptes, cependant, à réaliser les conditions générales qu'Ebelmen avait indiquées et que doivent remplir tous les foyers pour tirer parti d'une manière rationnelle et complète des combustibles industriels.

Après des années d'études persévérantes et d'expériences souvent fort coûteuses, le résultat cherché fut atteint; les gazogènes et l'ensemble des appareils qui servent à l'utilisation des gaz purent être construits d'une manière économique, et donner des résultats satisfaisants. Dès lors le champ des applications des foyers à gaz s'étendit beaucoup, et un grand nombre d'industries peuvent aujourd'hui profiter de leurs avantages.

Les fours qui viennent d'être décrits en sont des exemples.

Les premiers marchent depuis quatre ans et chaque jour amène une installation nouvelle; les usines qui les ont adoptées n'en veulent plus d'autres; et, l'année dernière, la Société d'encouragement pour l'industrie nationale a récompensé par une médaille d'or les efforts persévérants qui ont abouti aux résultats qui viennent d'être exposés.

Fours à révivifier le noir animal.

L'application que nous avons faite, en 1873, des gazogènes aux fours à révivifier le noir animal présentait un intérêt tout particulier.

La révivification est en effet une opération assez délicate, qui représente pour les fabricants de sucre et pour les raffineurs une assez forte dépense, et qui, lorsqu'elle n'est pas bien réussie, a pour effet de compromettre la qualité des jus et des sirops soumis à la filtration, et dont la valeur dépasse de beaucoup celle du noir employé. Or, il n'existe aucun moyen de reconnaître à première vue le noir bien révivifié de celui qui l'est mal, et rien n'est plus facile que de faire des mélanges de qualités plus ou moins bonnes; les raffineurs ne le savent que trop.

La qualité constante du noir est très-importante pour le raffineur, parce que, connaissant le pouvoir décolorant de son noir et la nature des jus et des sirops qui doivent être soumis à son action, il détermine d'avance le volume ou le poids du noir à employer, et son opération réussit à coup sûr.

Or, pour obtenir la qualité constante, le point capital est de cuire le noir toujours à la même température.

Des foyers, qui, pendant plus d'une année, procurent sans aucun soin de la part des chauffeurs, avec une économie de combustible et de main-d'œuvre, une température toujours égale et réglable à volonté, ne pouvaient manquer d'être appréciés par les raffineurs et les fabricants de sucre. D'un autre côté, les bons résultats obtenus dans toutes les usines à gaz où ils étaient employés au chauffage des cornues horizontales ne permettaient pas de douter du succès, quand on les appliquerait au chauffage des cornues verticales, usitées dans la plupart des fours de révivification.

C'est ce qui n'a pas manqué d'arriver.

Désormais, plus de noir brûlé par négligence des chauffeurs, plus de noir mal cuit et renfermant dans ses pores de la matière organique à demi décomposée.

Le foyer, surtout si l'on emploie le coke, peut être chargé pour douze heures; le noir étant mis en tas sur le sommet du four descend de lui-même dans les cornues.

Les tirées peuvent se faire par le bas, à intervalles réguliers, et d'une manière automatique, comme dans certains fours en usage; le noir étant cuit juste à point possède son maximum de pouvoir décolorant et ne fournit presque plus de déchet et de poussière. Et tous ces avantages sont obtenus avec économie de main-d'œuvre, et sans que, ainsi que cela n'arrive que trop souvent dans les sucreries, la marche d'un établissement et la qualité des produits soient à la merci de l'intelligence ou de la bonne volonté d'un ouvrier chauffeur, qui se montre souvent d'autant plus exigeant qu'il se croit indispensable.

Dans les sucreries, comme dans les usines à gaz, les patrons et directeurs peuvent enfin être maîtres chez eux, et ne sont plus obligés de fermer les yeux sur certains abus qu'ils se sentent incapables de réprimer.

Le matin et le soir, le contre-maître fait en sa présence remplir la trémie et enlever les machefers, ce qui est l'affaire de dix minutes, et avec cela il peut être tranquille; la température est invariable. Une horloge à pointage permet de contrôler la régularité des tirées, et la qualité du produit se trouve ainsi assurée, et indépendante de l'adresse et du soin des ouvriers.

La majeure partie des fours à révivifier rentre dans le système des fours coulants. Le noir y est chargé à la partie supérieure; il remplit des cornues verticales, et l'on extrait une partie du contenu à intervalles réglés.

Avec les fours à gaz, rien de plus facile que de modérer la production, en cas de ralentissement des travaux de l'usine. La température ne pouvant s'élever, le noir peut séjourner vingt-quatre heures dans les cornues sans risquer d'être brûlé.

Il suffit de régler en conséquence le registre du gazogène, ce qui est aussi facile que de régler la lumière d'un bec de gaz avec le robinet.

Quant à l'économie de combustible, tout ce que nous avons dit précédemment au sujet de la combustion faite avec l'air employé en quantité suffisante et sans excès est évidemment applicable ici. On ne peut donner un chiffre absolu indiquant par 100 kilogrammes de noir révivifié le poids de combustible employé, parce que les manières de travailler le noir varient d'un établissement à l'autre. Les uns travaillent le noir en gros grains, les autres en grains fins; les uns le mettent sur les fours tout ruisselant d'eau, les autres l'essorent; d'autres chassent la majeure partie de l'eau à l'aide d'un courant de vapeur qui nettoie les pores avantageusement.

Les systèmes de fours varient aussi d'un constructeur à l'autre : les uns emploient des cornues verticales, les autres des cornues inclinées; on les fait tantôt cylindriques, tantôt ovales; tantôt elles ont 10 centimètres de diamètre, tantôt elles en ont 50; tantôt elles sont en fonte, tantôt en terre cuite; enfin les uns construisent de petits fours capables de révivifier 2400 kilogrammes en vingt-quatre heures, les autres font des grands fours qui produisent 15000 kilogrammes et même plus.

Toutes ces considérations influent trop sur la dépense de combustible pour qu'on puisse donner des chiffres qui ne s'appliqueraient qu'à des cas particuliers; et d'ailleurs ce n'est pas le point capital, et la régularité du produit est bien plus importante. Il suffit d'être assuré qu'il y a économie de main-d'œuvre et de combustible, et qu'aucune cause de dépense nouvelle ne peut entrer en balance avec les avantages obtenus.

Les fabricants de sucre et les raffineurs connaissent tous les avantages et les inconvénients des méthodes de révivification qu'ils suivent et des systèmes de fours qu'ils emploient, et le nouveau système de chauffage par gazogènes étant également applicable à tous ou à presque tous les appareils existants, il n'y a pas lieu d'en indiquer quelques-uns d'une manière spéciale.

Ce n'est donc qu'à titre de renseignement et pour faire comprendre le mode d'application du chauffage au gaz que nous donnons, figures 9 et 10, le dessin d'un four à quatorze cornues qui produit environ 6000 kilogrammes de noir révivifié par vingt-quatre heures. Le noir employé est placé sur le sommet du four sans avoir été passé à la vapeur.

Les cornues sont rangées sur deux rangs, sept de chaque côté; on pourrait en mettre douze ou quinze aussi facilement. Entre les deux rangs est un intervalle de 80 centimètres de largeur environ, qui se trouve réduit à 40 centimètres sur les deux tiers de la hauteur, au moyen de deux petites murettes verticales.

Le gazogène placé à côté du four n'est pas représenté sur la figure; le gaz qui en provient parcourt le conduit *g* suivant la direction des flèches, son débit est réglé par le registre R. Le haut du conduit *g* est formé de pièces réfractaires qui, de deux en deux, sont évidées pour laisser passer une lame mince de gaz par un orifice légèrement évasé vers le haut, qui se voit sur la coupe transversale, figure 2.

Entre ces pièces, dites pièces à gaz, se trouvent d'autres pièces dites pièces à air, mais dans lesquelles l'évidement a une autre forme, ainsi que cela est représenté par les traits pointillés.

L'air arrive de chaque côté après s'être échauffé dans son passage entre les cornues qui renferment le noir chaud à sa sortie du four, et il forme des lames parallèles aux lames de gaz, de telle sorte que les lames sont alternativement d'air et de gaz dans toute la profondeur du four.

La largeur, l'épaisseur et l'écartement des lames sont déterminés suivant la puissance de production du four. Les flammes montent verticalement entre les deux murettes, rencontrent la voûte supérieure, et se renversent de chaque côté pour envelopper les cornues entre lesquelles elles descendent. Arrivés en bas, les produits de la combustion passent par des orifices latéraux pour remonter dans des petits canaux verticaux *f* qui les conduisent à la partie supérieure du four, où ils rejoignent dans l'axe les carneaux F qui les conduisent à la cheminée.

Dans ce parcours, ils passent entre les cornues qui sont munies de fentes par lesquelles se dégage l'humidité du noir, qui est ainsi desséché progressivement avant d'arriver dans la région de haute température.

L'ensemble du canal de gaz *g* et des brûleurs repose sur deux fers à T et est placé à la hauteur de la grille ordinaire, sans que rien soit modifié aux dimensions du four ni à la disposition des carneaux et des conduits de fumée. Les brûleurs sont munis de moyens de règlement qui ne sont pas représentés sur le dessin pour ne pas embrouiller la figure, et qui permettent d'établir dans toutes les parties du four une régularité absolue de température. Des regards *r* servent à s'assurer, en cas de besoin, que cette régularité existe. Une fois réglée, l'allure du four se maintient invariable, sans exiger d'autre soin que le chargement de la trémie toutes les douze heures.

Cet exemple suffit à faire comprendre comment les fours chauffés par des foyers ordinaires à grille peuvent se transformer facilement en fours du nouveau système, par l'adjonction d'un canal de gaz et de brûleurs. Quant au gazogène, on le place indifféremment d'un côté ou de l'autre, sur la face du four, où sa présence est moins sujette à en gêner le service.

Généralement il occupe l'emplacement réservé au chauffeur.

De même que pour les fours à gaz d'éclairage décrits précédemment, on peut mettre un gazogène entre deux fours; il sert à les chauffer, soit ensemble, soit alternativement.

Chaudières à vapeur.

Les quantités de combustibles consommés chaque jour dans les foyers de générateurs à vapeur sont trop considérables, et la dépense occasionnée dans toutes les industries par la création de la force motrice est trop grande pour que notre attention n'ait pas été dès l'origine tournée de ce côté, et pour que nous n'ayons pas recherché avec persévérance les moyens d'appliquer aux chaudières les combustibles gazeux et tous leurs avantages.

Depuis 1869 la question est à l'étude, et ce n'est qu'en 1873 que des résultats tout à fait satisfaisants ont pu être réalisés en marche courante, après un grand nombre d'essais.

Quand on passe en revue la série de modifications et de perfectionnements apportés depuis une quinzaine d'années à la construction des générateurs à vapeur, il est impossible de ne pas être frappé d'une observation qui ressort de cette étude comparative, c'est que pendant cette longue période de temps, presque tous les inventeurs et les constructeurs semblent avoir concentré leurs efforts vers l'utilisation de plus en plus parfaite de la chaleur des produits gazeux qui s'échappent du foyer, bien plus que sur les améliorations à apporter à la combustion elle-même.

C'est ainsi que l'on a fait un grand nombre de chaudières tubulaires qui, en réduisant les diamètres des parties cylindriques soumises à la pression de la vapeur, ont permis de réduire les épaisseurs de parois dans une grande partie de la surface de chauffe, et ont facilité de la sorte la transmission de la chaleur et le refroidissement de la fumée.

Les nécessités du nettoyage et le désir d'occuper le moins de place possible avec des appareils d'une grande puissance ont conduit à modifier à l'infini les chaudières tubulaires dont un grand nombre font aujourd'hui un bon service.

D'autre part, après que les expériences et études si intéressantes de la Société industrielle de Mulhouse, faites par MM. Scheurer et Meunier, eurent démontré qu'avec les chaudières ordinaires à bouilleurs logées dans des fourneaux en briques, la perte de chaleur par les maçonneries pouvait devenir considérable, les constructeurs ont cherché à remédier à cet inconvénient. Ils ont varié de types les chaudières à foyer intérieur qui, depuis quelques années surtout, tendent à se substituer aux chaudières à bouilleurs, au fur et à mesure que l'art de les construire se perfectionne et que les progrès de la métallurgie permettent de compter davantage sur la qualité des tôles employées à leur confection.

D'autres fois, comme dans la chaudière Field, on a utilisé, de la façon la plus ingénieuse, les différences de densité de deux colonnes fluides à des températures inégales, pour activer le plus possible le mouvement de l'eau et sa circulation le long des parois exposées à l'action de la chaleur, et la quantité de vapeur produite par mètre carré de surface de chauffe s'est trouvée beaucoup augmentée.

Dans tout cela, il n'est pas question de la combustion, et depuis la chaudière de MM. Molinos et Pronier, qui date déjà de dix-huit ans, il ne semble pas qu'il ait été réalisé de progrès sérieux dans la manière de brûler les combustibles dans les foyers de générateurs.

Un très-grand nombre d'appareils plus ou moins fumivores ont été, il est vrai, inventés et essayés, nous pourrions même ajouter oubliés à la suite des essais, sans qu'un seul soit arrivé à se faire adopter par l'industrie, et nous continuons à voir les cheminées des usines et les manufactures de l'État elles-mêmes lancer dans l'atmosphère des flots de fumée noire, malgré les règlements de police qui prescrivent de la brûler, mais qui n'en indiquent pas les moyens. Une seule fait exception : la manufacture des tabacs du Gros-Caillou, dans laquelle depuis longues années les ingénieurs se sont préoccupés des moyens d'améliorer la combustion et se sont livrés à des études sérieuses à ce point de vue.

Dans tous les traités spéciaux on donne la mesure des quantités de combustible qui sont ainsi perdues pour les industriels, au grand détriment de leurs voisins; on signale le besoin de bons appareils fumivores; mais en même temps on constate par des expériences faites avec grand soin que la fumivorité, quand on peut la réaliser, n'est pas une source d'économie, parce que ce n'est qu'au prix d'un grand appel d'air en excès que l'on arrive à l'obtenir.

Les principes généraux sur les phénomènes de la combustion, que nous avons rappelés sommairement au commencement de cette étude, montrent à quelles causes il faut attribuer les insuccès, et font voir que, pour arriver à la combustion complète et économique, il fallait suivre une toute autre voie que celle des modifications des grilles et des modes de chargement des foyers ; aussi nous pensons qu'il sera de quelque intérêt de faire connaître, en même temps que la solution, la série des essais que nous avons dû faire avant d'y arriver.

Lorsque nous avons appliqué aux générateurs à vapeur, avec quelques modifications de détails, les dispositions qui nous avaient donné de bons résultats dans les usines à gaz, nous avions lieu d'espérer un succès semblable; mais il s'est produit, par suite du refroidissement rapide de la flamme au contact des parois des générateurs, plusieurs phénomènes qui nous ont amené à modifier profondément notre appareil brûleur.

Lorsque nous faisions usage de combustibles maigres et que nous n'admettions, pour opérer la combustion des gaz, qu'un léger excès d'air en plus de la quantité théorique, la flamme s'éteignait au contact de la chaudière, et l'analyse des produits de la combustion nous révélait l'existence d'un mélange d'oxygène libre et d'oxyde de carbone non brûlé accompagnés de gaz inertes, azote et carbonique.

Lorsque les gaz combustibles étaient fournis par des houilles grasses, nous obtenions en outre *de la fumée,* ce qui n'était jamais arrivé dans les applications précédentes.

Les principes sur la combustion des gaz, que nous avons formulés au commencement de ce travail, n'étaient pas à ce moment aussi nettement établis que nous l'avons pu faire par la suite, et nous avons dû, tout d'abord, consacrer un temps assez long à des expériences qui avaient pour but d'étudier le mode de formation de la fumée dans diverses circonstances, et de bien définir à nos propres yeux la nature des difficultés qui se présentaient, et dont nous ne donnons ici qu'une idée sommaire.

Nous fîmes successivement l'essai d'un certain nombre de formes et de dispositions d'appareils brûleurs, en nous guidant toujours sur l'analyse des produits gazeux de la combustion plus ou moins complète que nos appareils nous permettaient de réaliser et sur des observations de températures faites avec le calorimètre, car les thermomètres ordinaires ne pouvaient pas être employés.

En rappelant aujourd'hui le souvenir de ces longues et minutieuses recherches, nous sommes heureux de dire quels services nous a rendus l'appareil à analyser les gaz, de M. Orsat, sur lequel nous avons appelé l'année dernière l'attention de la Société des Ingénieurs civils.

Grâce à lui, nous obtenions en moins de deux minutes les résultats d'une analyse, et en multipliant les prises de gaz depuis le lieu de leur formation dans le gazogène, sur les divers points de leurs parcours, à la base de la flamme, dans son milieu, à son extrémité et dans les divers carneaux jusqu'au départ vers la cheminée, nous avons pu étudier la composition intime de la flamme, suivre pas à pas les variations tantôt croissantes, tantôt décroissantes de la température, reconnaître en chaque point l'influence du défaut et de l'excès d'air, rechercher dans chaque cas particulier, et pour chaque nature de combustible, les épaisseurs, les directions et les vitesses qu'il convenait de donner aux lames de gaz et d'air.

C'est par centaines que nous pouvons compter les analyses de gaz qui ont été faites, et nous devons reconnaître que si de pareils instruments de recherches avaient été mis à la disposition de nos devanciers, et notamment de notre illustre maître, M. Peclet, qui a consacré toute sa vie à l'étude des lois de la chaleur, il est probable que les applications que nous signalons aujourd'hui, comme nouvelles, seraient entrées depuis bien des années dans la pratique industrielle.

Nous n'entrerons pas dans le détail des diverses modifications que les appareils de chauffage ont dû subir et des résultats obtenus dans les diverses séries d'expériences. Cette revue rétrospective serait sans intérêt dans un travail où nous nous proposons d'indiquer surtout des résultats pratiques; mais nous reconnaîtrons avec plaisir, et nous le dirons pour encourager ceux qui voudraient se livrer à des études analogues, que jamais dans aucune circonstance nous n'avons trouvé la théorie en défaut. Souvent, après des heures passées à observer des phénomènes qui se produisaient sans que nous les attendions et sans que nous puissions, tout d'abord, nous en rendre un compte exact, c'est en étudiant avec plus de soin les lois de la physique et de la chimie que nous avons trouvé la clé des solutions que nous cherchions, et toujours nous avons dû reconnaître que notre insuccès tenait à ce que nous avions mal appliqué une théorie vraie, ou cherché dans l'expérience la confirmation d'idées inexactes, au lieu d'analyser complétement, et sans parti pris, les faits qui se passaient sous nos yeux.

Aujourd'hui que les appareils fonctionnent depuis un temps assez long pour que nous puissions affirmer en toute sécurité les résultats obtenus, nous nous bornerons à faire connaître leur mode de construction, qui nous permet d'arriver dans les foyers de générateurs à la combustion parfaite, c'est-à-dire complète sans excès d'air mélangé aux produits gazeux de la combustion.

Le principe sur lequel ils reposent est bien simple : il consiste à mélanger intimement dans une capacité en matériaux réfractaires, à haute température, les gaz combustibles et l'air, tous deux divisés en filets minces, à laisser la combustion s'effectuer d'une manière complète dans cette capacité, que nous nommons la chambre de combustion, et à ne mettre en contact avec les parois des chaudières, qu'il s'agit de chauffer, que des gaz complétement brûlés et dont il ne reste plus qu'à utiliser la chaleur.

Le fait de brûler complétement les gaz dans les foyers de générateurs munis de chambres de combustion, et avant toute utilisation de la chaleur, constitue suivant nous un principe nouveau, fécond en résultats économiques et susceptible d'être employé, avec des modifications de détails de constructions, dans un grand nombre de circonstances.

C'est en se conformant à ce principe que l'on arrivera à construire de véritables foyers fumivores.

L'examen des dispositions d'ensemble de l'appareil de chauffage appliqué à diverses chaudières de systèmes différents montre avec quelle facilité il se modifie pour s'adapter dans chaque cas particulier aux formes de foyers les plus variées.

Comme types d'applications, nous en décrirons successivement trois dans lesquels peuvent rentrer la plupart des chaudières habituellement employées dans l'industrie: ce sont la chaudière à bouilleurs et réchauffeurs, la chaudière cylindrique à foyer intérieur et la chaudière verticale du système Field.

Chaudière à bouilleurs.

Les premiers essais sur ce type de chaudières ont eu lieu à l'usine de M. E. Muller, à Ivry. Les bouilleurs ont 60 centimètres de diamètre; le corps cylindrique a $1^{m},10$ de diamètre, et la surface de chauffe est de 52 mètres carrés, non compris la surface des réchauffeurs.

Deux chaudières absolument identiques sont installées, à côté l'une de l'autre, depuis dix ans : en été une seule est allumée, parce que la machine marche à condensation; en hiver les deux chaudières marchent habituellement ensemble, parce qu'alors la machine fonctionne sans condensation, et que la vapeur d'échappement circule dans une longue conduite qui chauffe les ateliers et les séchoirs.

Les figures 11 et 12 montrent l'ensemble de l'installation du gazogène et de la chaudière. Le gazogène, dont la forme n'est plus la même que celle de ceux que nous avons décrits précédemment, repose cependant sur les mêmes principes. Il est construit en avant de la chaudière et en contre-bas, de telle sorte que son niveau supérieur est au sol de la chambre de chauffe. Une boîte à clapet et à joint de sable sert à l'introduction du combustible, qui se fait toutes les heures par quantités de 100 kilogrammes environ. La disposition de la boîte permet d'effectuer le chargement sans qu'il se produise de dégagement de gaz, quand il y a pression dans le gazogène, et sans qu'il y ait introduction d'air, quand il y a aspiration : c'est la boîte ordinaire de chargement des gazogènes. Le combustible tombe, au moment où l'on soulève le contre-poids du clapet, dans une trémie en maçonnerie, où la température est peu élevée et où le manque d'air ne permet pas à la combustion de se produire. Là, le combustible se dessèche et s'échauffe progressivement au fur et à mesure qu'en descendant lentement il arrive dans des parties où la température est plus élevée. Quand il a dépassé la voûte, il se trouve en contact avec les gaz chauds produits à la partie inférieure, et sa distillation commence lentement et à la surface libre seulement, parce que le charbon est mauvais conducteur de la chaleur; puis elle gagne petit à petit, et la houille, au moment où elle arrive à la partie inférieure où elle reçoit l'action de l'air, s'est transformée en coke sous la pression du combustible qui remplit la trémie. Pendant cette descente et cette distillation progressive, la houille menue qui a été chargée en haut s'est agglomérée et a donné un coke dense *qui ne se brise pas pendant la combustion, et est cependant assez poreux pour se laisser facilement traverser par l'air*. Des regards pratiqués dans la voûte supérieure permettent de surveiller la marche du feu, au besoin de faciliter la descente du combustible, et aussi d'enfoncer les voûtes qui viendraient à se former dans la masse en combustion.

Pour éviter les pertes de chaleur par rayonnement au travers des barreaux de la grille, nous avons placé en avant une porte battante formée de deux feuilles de tôle écartées l'une de l'autre et percées d'ouvertures qui sont disposées de telle sorte que l'air nécessaire à la combustion circule entre les portes et s'y échauffe en les empêchant de s'échauffer elles-mêmes.

Le combustible, lorsqu'il a dans son mouvement de descente dépassé le niveau de la voûte supérieure, s'éboule en formant un talus incliné, et les pentes des faces de la trémie sont réglées de manière à faciliter cet éboulement. Les formes de trémies sont délicates à déterminer; elles doivent varier avec la nature des combustibles et la puissance des appareils. L'épaisseur de la couche que l'on doit traverser est également variable avec l'état physique des combustibles dont on fait usage et la température de l'air employé.

Le gaz, une fois produit, est dirigé par un conduit incliné dans un carneau g construit dans l'axe du cendrier de la chaudière.

Le plafond du carneau est formé de pièces plates en terre réfractaire laissant entre elles des vides par lesquels le gaz s'échappe en lames minces verticales dans la chambre de combustion c placée au-dessus.

Un registre r sert à régler à volonté le débit du gaz. Quand on veut suspendre la production de la vapeur pour un temps assez long, on ferme ce registre complétement, et on ferme, en outre, les ouvertures d'accès d'air de la porte en tôle du cendrier. Le gazogène peut rester ainsi sans s'éteindre pendant plusieurs jours, et son allure normale revient en quelques heures quand on ouvre les registres pour faire passer l'air.

Quant à l'air nécessaire à la combustion du gaz, il arrive du dehors par un conduit a placé dans le carneau F qui conduit les gaz à la cheminée de l'usine; il s'échauffe dans ce parcours, se rend dans la cheminée d'air a, située sous le canal de gaz, monte de chaque côté de celui-ci, entre les murs du canal et les pieds droits du fourneau, pour arriver en *a* et pénétrer dans la chambre de combustion par les pièces tubulaires qui en forment les parois verticales. L'air, qui s'est échauffé dans le conduit F, continue à s'échauffer en longeant le canal de gaz et arrive chaud aux brûleurs, ce qui est une bonne condition; mais, en outre, comme cet échauffement a commencé à se produire à la partie inférieure, il a acquis une certaine force ascensionnelle qui le fait sortir avec vitesse par les orifices brûleurs, ce qui permet de le déverser en minces filets qui, venant rencontrer les filets de gaz animés de vitesses et de directions différentes, produisent des remous favorables à un bon mélange.

Quand nous comparons cette disposition, assurément fort simple et qui fonctionne d'une manière aussi complétement satisfaisante qu'on peut le demander à un appareil industriel, aux complications par lesquelles nous avons passé avant d'arriver à l'ensemble que nous décrivons aujourd'hui, nous nous demandons pourquoi nous n'avons pas commencé par là tout d'abord. C'est qu'au début le problème à résoudre n'était pas posé aussi nettement que nous l'avons défini en parlant de la combustion, et bien souvent nous constations que les résultats obtenus n'étaient pas satisfaisants, sans que nous pussions dire, avec quelque certitude, à quelle cause il fallait attribuer l'insuccès.

Ainsi, pour en donner une idée, avant que nous eussions cherché à donner à l'air comburant sa force ascensionnelle par son échauffement à un niveau inférieur, nous nous étions dit qu'il nous suffisait de régler avec le registre *r* la production du gaz et que nous pourrions toujours faire arriver l'air dans la chambre de combustion en faisant agir l'aspiration de la cheminée, que nous pouvions modérer avec un registre. L'orifice du conduit de prise d'air à l'extérieur était d'ailleurs réglable à volonté. Effectivement, la combustion du gaz s'est bien faite, mais toujours l'analyse nous montrait que nous avions de l'air en excès. Nous en sommes arrivés à fermer complétement la prise d'air extérieur, et toujours l'air était en excès.

D'où pouvait-il venir?

Bien que la maçonnerie eut été faite avec le plus grand soin, nous avons cru que pendant le séchage du fourneau il s'était produit quelque fissure; nous avons fait refaire tous les joints, et toujours l'air était en excès.

Ce n'est qu'après de longues et minutieuses recherches que nous avons pu acquérir la certitude que l'air pénétrait dans les carneaux, par toute la surface de la maçonnerie, et passait au travers des pores de la brique, ainsi que M. Thomas l'avait déjà constaté dans ses très-intéressantes expériences.

C'était le tirage de la cheminée qui, par la différence de pression, cependant bien faible, qu'il produisait entre l'extérieur et les carneaux, déterminait cette filtration de l'air en travers des murs du fourneau.

Les difficultés d'observations étaient très-grandes, et il sera facile de s'en convaincre quand on saura que c'est avec des différences de pression qui se mesurent par de petites fractions de millimètre d'eau qu'on donne aux gaz les vitesses qu'ils doivent avoir.

C'est en nous guidant d'après ces observations délicates, et toujours d'après l'analyse des mélanges gazeux dont la composition variait à tout moment pendant leur parcours dans les carneaux, que nous avons pu, tout d'abord, reconnaître par où péchaient nos premiers appareils et arriver petit à petit, de modifications en modifications, à celui que nous venons de décrire et qui fonctionne, depuis un temps déjà assez long, avec économie et régularité.

Le combustible est chargé toutes les heures dans la trémie; le chauffeur a bientôt constaté avec satisfaction que le gazogène marchait d'autant mieux qu'on y touchait moins.

Il y a quelque temps, un ingénieur, dont la parole fait autorité dans toutes les questions relatives aux chaudières et aux machines, M. Joseph Farcot, examinait à Ivry le nouveau mode de chauffage et, après avoir étudié son fonctionnement, le comparait à une lampe. Autrefois, disait-il, quand on s'éclairait à la chandelle, il fallait de temps en temps couper la mèche pour maintenir l'égalité de la lumière; avec la lampe on se contente de mettre l'huile, de monter le ressort et d'allumer, et la lumière se règle en montant la mèche ou le verre et dure autant que la mèche est imprégnée d'huile, sans qu'on ait à s'en occuper; avec le chauffage par gazogène, et au moyen de chambres de combustion, on charge le charbon, on règle les registres, une fois pour toutes, et le chauffage se produit régulièrement, tant qu'on alimente le gazogène.

Perfectionnez et simplifiez, nous disait-il, vous êtes dans la bonne voie.

L'emploi des gazogènes au lieu des foyers ordinaires à grille réalise la même régularité de chauffage et la même économie de soins que les lampes d'aujourd'hui, quand on les compare aux chandelles employées autrefois.

Plus de coups de feu aux chaudières, plus de combustible gaspillé par des chauffeurs maladroits; les chaudières restent propres ainsi que les carneaux, elles ne sont pas soumises à des variations de température, la production de vapeur est plus régulière sur les divers points de la surface de chauffe, qui sont chauffés plus également; le premier manœuvre venu peut en quelques jours devenir un chauffeur; il y a diminution de main-d'œuvre, puisqu'il n'y a plus de foyer à soigner incessamment; la surveillance est beaucoup plus facile, le combustible mieux utilisé, et enfin, ce qui n'est pas le moins important pour les industriels, il y a une économie de combustible réelle.

La question d'économie était capitale et nous avons cherché à l'étudier aussi exactement que possible, à partir du moment où il a été bien constaté que le nouveau mode de chauffage fonctionnait avec une régularité parfaite et que nous ne pouvions plus trouver, ni dans l'ensemble ni dans les détails de l'appareil, matière à perfectionnement.

La chaudière, voisine de celle qui avait été transformée, continuait à fonctionner avec une grille ordinaire, on a d'abord posé comme règle que l'on emploierait en même temps aux deux appareils toujours la même houille et toujours la même qualité d'eau, afin d'avoir un terme de comparaison.

Nous n'avons pas tardé à reconnaître qu'avec les natures de charbons employées couramment dans l'usine, qui sont des charbons gras et demi-gras, du Nord et de la Belgique, avec la chaudière à grille, la vaporisation se maintenait à peu près constamment vers 6 kilogrammes par kilogramme de houille, plutôt un peu en dessous. Ce chiffre de 6 kilogrammes d'eau vaporisée par kilogramme de houille est du reste parfaitement d'accord avec celui trouvé par la Société industrielle de Mulhouse, dans les expériences faites il y a quelque temps à Wesserling[1]. Il est également d'accord avec les chiffres d'un grand nombre d'expéri-

1. La série d'expériences dont il est question est publiée dans le Bulletin de la Société industrielle de Mulhouse, en juillet 1873. Elles ont été faites sur la demande et aux frais de l'administration de la blanchisserie Thaon, qui, ayant à installer des générateurs, avait intérêt à être édifiée sur la valeur comparative des systèmes à bouilleurs et à foyers intérieurs.

Les chaudières à bouilleurs et réchauffeurs étaient celles de l'établissement de MM. Gros-

mentateurs et d'industriels. Il correspond au maximum des rendements trouvés par des Compagnies de chemins de fer qui font faire régulièrement les essais de combustible.

Les renseignements que nous avons pris dans plusieurs établissements dans lesquels les chaudières sont maintenues en état ordinaire d'entretien, c'est-à-dire, dont on nettoie les carneaux une fois par an, nous permettent de dire que pour les chaudières à bouilleurs, le chiffre de 6 kilogrammes est un maximum qui n'est pas toujours atteint, à beaucoup près, en service courant.

Pour se rendre compte de la quantité d'eau vaporisée, on a opéré de la manière suivante.

Un réservoir A muni d'un tube de niveau gradué recevait l'eau destinée à l'alimentation ; sa capacité était de 300 litres. Cette eau provenait, tantôt de la condensation de la vapeur dans tout le système de tuyaux de chauffage de l'usine, tantôt de la conduite des eaux de la ville.

Un tuyau court muni d'une soupape de 8 centimètres de diamètre mettait en communication le réservoir A avec un second réservoir B placé à un niveau inférieur, dont la capacité est de 4 mètres cubes environ. Le réservoir B est également muni d'un tube de niveau gradué. C'est dans le réservoir B que puise la pompe alimentaire.

Chaque expérience a duré onze heures.

Au commencement, on notait le niveau de l'eau dans la chaudière, la prise de vapeur étant fermée. On notait également le niveau de l'eau dans le réservoir B et on avait soin que le gazogène fût plein de combustible.

On remplissait alors le réservoir B au moyen du réservoir A, duquel on faisait écouler chaque fois 250 litres, et on notait la quantité d'eau qui passait dans le réservoir A. On laissait ensuite la pompe puiser dans

Roman, Marozeau et Cie, à Wesserling; les chaudières à foyers intérieurs fonctionnaient chez MM. Sulzer frères, constructeurs à Winterthur.

(1) La houille employée était celle de tout-venant de Saarbrück. On a expérimenté successivement sur deux chaudières à foyer intérieur, de $52^{m},^{2}$ de surface de chauffe. La première avait un seul tube intérieur de 72 centimètres; la seconde avait deux tubes intérieurs; il n'y avait pas de réchauffeurs.

La houille renfermant 13 pour 100 de cendres environ, la première chaudière a vaporisé $6^{k},334$, et la seconde $6^{k},448$.

A Wesserling, la chaudière avait $33^{m},18$ de surface de chauffe, et les réchauffeurs, placés à la suite, avaient $47^{m},25$ de surface. La houille renfermait 11, 16 pour 100 de cendres, et la vaporisation a été de $6^{k},018$.

le réservoir B, jusqu'à ce qu'il soit presque vide, et on le remplissait à nouveau avec le réservoir A, en notant chaque fois la quantité d'eau introduite. On prenait la température de l'eau dans le réservoir B, avant et après son remplissage, et on appliquait la moyenne des résultats.

A la fin de la journée, on ramenait au niveau primitif le niveau de la chaudière et celui du réservoir, et on remplissait complétement le gazogène.

Le détail des expériences est donné dans les tableaux annexés à ce Mémoire.

En opérant de cette façon, nous avons trouvé en marche courante que la production de vapeur par kilogramme de houille varie de $8^k,60$ à $9^k,20$, soit $8^k,90$ en moyenne.

Soit une augmentation d'effet utile de 48 pour 100, si on la compare à la production de 6 kilogrammes que donnait l'autre chaudière, soit une économie de 32 pour 100 pour une même production de vapeur.

Un autre avantage résulte encore de l'application de ce mode de chauffage aux générateurs à vapeur.

Comme la flamme se produit sans excès d'air, elle est à plus haute température que dans le cas des foyers ordinaires. Comme l'absence de tirage empêche l'air de s'introduire dans les carneaux par suite de la porosité des maçonneries, celles-ci prennent une plus haute température. Par ces deux motifs, la chaudière se trouvant dans un milieu plus chaud produit plus de vapeur par mètre carré de surface de chauffe, ce qui fait que la pression se maintient bien plus facilement.

Cette considération est importante pour les industriels qui sont un peu à court comme puissance de générateurs, et qui sont gênés pour l'installation de nouvelles chaudières[1].

Il est bon de remarquer, en outre, que par ce mode de chauffage tous les points de la chaudière concourent à l'augmentation de la production de la vapeur, tandis que lorsqu'on pousse les feux avec une grille ordinaire, on risque, surtout quand on fait usage d'un courant d'air forcé pour traverser une couche de combustible un peu épaisse et qu'il se forme un vide entre deux morceaux, d'avoir un dard de chalumeau,

1. Une série d'expériences faites en vue de reconnaître l'influence que peut avoir sur l'entraînement d'eau vésiculaire la production de vapeur par mètre carré de surface de chauffe, nous fait admettre le chiffre de 10 à 12 kil. par mètre carré comme celui qui correspond au meilleur effet utile.

et, en outre, la partie qui est au-dessus du foyer est exposée à des dilatations et des coups de feu qui ne sont pas à craindre avec le chauffage au gaz, qui est très-régulier.

Comme il n'y a ni production de suie ni entraînement de cendres, la chaudière reste absolument propre, ce qu'il est facile de constater sur la chaudière d'Ivry au moyen des regards ménagés sur la paroi du fourneau. Cette propreté de la tôle est favorable à la transmission de la chaleur et aussi à la conservation du métal.

Comme les carneaux n'ont jamais besoin d'être nettoyés, on peut, avec avantage, mettre les réchauffeurs sous les bouilleurs, au lieu de les placer à côté de la chaudière, ce qui fait gagner de la place et économise de la maçonnerie; c'est cette disposition qui est figurée sur notre dessin, figure 11.

A la chaudière d'Ivry, les réchauffeurs, par suite d'une réparation à deux d'entre eux (il doit y en avoir quatre), n'avaient pas une surface suffisante pour bien refroidir les produits de la combustion, aussi s'échappaient-ils par la cheminée, à une température de 225° environ. Évidemment, il y avait là une mauvaise disposition et on aurait pu facilement, avec une petite augmentation de la surface de chauffe, augmenter l'effet utile du combustible. Il est à penser qu'il en serait ainsi avec les chaudières alsaciennes, dans lesquelles la surface de chauffe des réchauffeurs est au moins les 2/3 et souvent la même que celle de la chaudière.

Avec les chaudières tubulaires, le refroidissement serait aussi plus complet. Dans peu de temps nous serons en mesure d'apporter les renseignements sur ce point, quand les nouvelles installations qui se font en ce moment auront fonctionné pendant un temps suffisamment prolongé.

Chaudières à foyer intérieur.

Si le refroidissement brusque de la flamme et l'extinction qui en était la conséquence avaient nécessité des précautions spéciales, dans le cas de chaudières à bouilleurs, on comprendra facilement qu'elles ont dû être un sujet de préoccupations dans l'application des combustibles gazeux aux chaudières à foyers intérieurs.

La difficulté se trouvait encore augmentée par ce fait que, dans les chaudières ordinaires, on pouvait profiter d'un espace assez grand pour loger les conduits de gaz et d'air ainsi que l'appareil brûleur et la chambre de combustion, tandis que dans les chaudières à foyer intérieur la place dont on peut disposer est extrêmement réduite. Aussi a-t-il fallu modifier complétement l'appareil brûleur, afin d'employer peu de place et de perdre le moins possible de la surface de chauffe, sans cependant manquer aux conditions qui seules peuvent assurer la combustion complète sans excès d'air.

Nous avons profité de ce que nous n'avions plus à redouter les rentrées d'air provenant de la perméabilité des maçonneries, et nous nous servons de l'aspiration de la cheminée pour admettre l'air nécessaire à la combustion.

Les figures 13 et 14 montrent la disposition de l'appareil de chauffage d'une chaudière à foyer intérieur.

Le gazogène est placé comme précédemment en avant de la chaudière et en contre-bas du sol.

En avant du fourneau est un petit avant-corps en maçonnerie, dans l'intérieur duquel arrive le gaz, et qui communique avec le tube-foyer. Cet avant-corps est fermé avec une porte inclinée, garnie à l'intérieur d'une chemise réfractaire.

Cette porte est percée de trous nombreux dans lesquels sont fixés des tubes en fer, ouverts à leurs deux extrémités, et par lesquels l'air s'introduit dans la chambre de combustion.

Chaque tube forme ainsi au milieu de la masse de gaz combustible une sorte de buse de soufflet, et comme ils sont très-nombreux, l'air est réparti sur toute la surface de la section du tube et donne une combustion vive.

Sur toute la longueur de la flamme, le tube bouilleur est garni à l'intérieur d'une chemise réfractaire qui empêche le trop prompt refroidissement et permet à la combustion de s'effectuer complétement avant que la flamme n'arrive au contact de la tôle.

Quelquefois nous trouvons avantage à fermer, à quelque distance de l'entrée, la chambre de combustion par une grille à claire-voie, formée de briques creuses ou autres pièces réfractaires, ainsi que cela est indiqué figure 16, avec une variante du mode d'introduction d'air, qui se fait dans ce cas sous forme de deux longues lames verticales. La forme des orifices d'introduction d'air peut varier de bien des manières, suivant les dimensions de la chaudière et le diamètre du bouilleur intérieur. Ce bouilleur peut en outre être muni de tubes Galloway ou autres servant à refroidir la fumée. Les gaz de la combustion circulent ensuite autour de la chaudière, dans les conduits *f*, et s'en vont à la cheminée par le carneau F, à la partie inférieure.

Il nous paraît inutile d'entrer dans plus de détails pour bien faire comprendre cette disposition qui s'adapte à toute une série de types de chaudières à foyers intérieurs tubulaires, demi-tubulaires, etc..., en modifiant, chaque fois que cela est nécessaire, les détails de l'appareil brûleur.

Chaudières verticales.

Quant au groupe nombreux de chaudières verticales, dont les dispositions sont encore plus variées, nous avons figuré comme exemple, figure 17, le chauffage d'une chaudière du système Field.

L'ensemble de l'appareil montre avec quelle facilité il peut s'appliquer à toutes les chaudières de cette catégorie. Le gaz montant par le conduit *g* vient rencontrer une dalle réfractaire *d* qui l'oblige de sortir en nappe horizontale dans la chambre de combustion *c*, tout autour de laquelle l'air arrive par une série d'orifices qui communiquent avec un conduit annulaire qui reçoit l'air venant de la partie inférieure. Les gaz brûlés s'échappent par une quantité de trous percés dans la dalle réfractaire qui limite la chambre de combustion, à la partie supérieure, et ils circulent autour des tubes et s'en vont à la cheminée, à la manière ordinaire.

Des regards R, répartis en divers points, permettent de voir comment s'effectue la combustion et donnent le moyen de régler convenablement les registres d'air et de gaz.

CONCLUSION

Nous pensons, avec les exemples qui précèdent, avoir suffisamment démontré que l'emploi des combustibles gazeux est facile dans la plupart des foyers industriels, que la disposition des appareils peut se modifier à l'infini, et que, dans chaque application particulière, on peut, en étudiant convenablement la distribution de l'air et du gaz, satisfaire aux deux lois de la combustion parfaite que nous avons formulées :

Mélange intime du gaz combustible et de l'air.

Maintien de la température élevée pendant la combustion.

Quant aux avantages de toute nature que procure la transformation des combustibles en gaz, nous les avons indiqués; ils sont trop nombreux pour ne pas frapper l'esprit des industriels, et nous espérons avoir fait partager à nos collègues de la Société des Ingénieurs civils l'opinion que nous avons exprimée au commencement de cette étude, que les gazogènes convenablement disposés pour chaque nature de combustible et accompagnés d'appareils brûleurs, étudiés avec soin et en vue des effets à produire dans chaque cas particulier, devront, dans un avenir prochain, remplacer partout dans l'industrie les foyers à grille de quelque importance.

Nous espérons être, dans quelque temps, en mesure de continuer cette étude sur l'emploi des combustibles gazeux par la publication des résultats obtenus à l'aide de nos nouveaux fours à gaz, destinés à la cuisson des produits céramiques et des ciments.

Nous avons déjà construit plusieurs fours, qui nous ont servi à faire des expériences et à l'aide desquels nous avons déterminé les proportions d'un four de grande puissance destiné à une marche tout à fait industrielle. Déjà nous avons pu constater que la cuisson s'opère dans la flamme du gaz avec régularité et économie; mais il faut une marche continue de plusieurs mois pour établir avec certitude les chiffres qui permettent de comparer les avantages de cette cuisson avec celle opérée avec les foyers à grilles. Nous attendrons ce moment pour appeler sur cette application nouvelle des combustibles gazeux l'attention de la Société des Ingénieurs civils.

Janvier 1874.

Observations sur les tableaux d'expériences.

Ces tableaux, étant la reproduction exacte des expériences de rendement qui ont été faites pendant une semaine, présentent en quelques points des anomalies, qui ont du reste assez peu d'importance et qui tiennent à ce que les compteurs n'étaient pas exactement tarés, surtout au commencement. Nous avons préféré laisser subsister ces anomalies, qu'il eût été facile de corriger, car elles n'influent pas sensiblement sur le résultat final, qui peut se traduire de la manière suivante :

Charbon brûlé en une semaine pendant les heures de travail. 5,540^k

Eau vaporisée pendant le même temps. 50,088

Soit :

Eau vaporisée par kilogramme de houille brute, moyenne. . 9^k,04

Quant à la consommation de nuit, elle a été considérable puisqu'elle s'est élevée en moyenne à 377 kilogrammes par nuit. Il n'a pas été tenu compte de la vapeur produite pendant la nuit qui s'échappait par les soupapes. Chaque matin, au moyen de l'injecteur, on ramenait le niveau dans la chaudière au point où on l'avait laissé la veille au soir; mais l'appareil n'était pas commodément disposé pour mesurer cette eau, aussi ne donnons-nous pas les chiffres qui ont été observés la nuit et auxquels nous ne pouvons accorder assez de confiance.

Cette consommation en pure perte pendant la nuit vient en déduction notable de l'économie réalisée pendant le jour, et nous avons dû chercher à y remédier. Elle tenait surtout à l'imperfection de la fermeture des registres; plus tard, ces registres ont été remplacés par d'autres fermant mieux, et les courants de gaz ne se produisant plus que par les fissures et la porosité des maçonneries, la consommation de nuit s'est trouvée réduite à 80 kilogrammes environ. Ce chiffre est encore trop considérable, et nous continuons à travailler la question en vue de rendre la perte pendant les heures de repos aussi petite que possible. Nous ne désespérons pas d'y arriver dans quelque temps, et lorsque nous aurons atteint ce résultat et réalisé quelques autres perfectionnements auxquels nous travaillons, nous nous proposons d'adresser une nouvelle communication à la Société des Ingénieurs civils, que nous remercions de l'accueil qu'elle a fait à la première partie de notre travail.

Expériences sur le rendement de la chaudière chauffée par le gazogène

Nature et provenance du combustible.	GRAND HORNU.	
Humidité dans le charbon pris au tas.	2.21 0/0	
Analyse du combustible sec. { Gaz...	27.72	} 100
{ Coke..	72.28	
Cendres.	9.36 0/0	
Surface de chauffe de la chaudière..	52mq.	

Poids de combustible brut consommé en 11 heures.	820k.00
Poids d'eau vaporisée en 11 heures.	6900 .00
Poids de scories (sèches) en 11 heures.	72 .00
Poids d'eau vaporisée par kilogramme de combustible brut..	8 .40
Poids d'eau à 0° vaporisée par kilogramme de combustible pur.	8 .80
Poids d'eau vaporisée par mètre carré de surface de chauffe..	12. 00

1	2	3	4	5	6	7	8	9	10	11	12	13	14	15	16	17	18	19	20
	Combustible.		Eau d'alimentation.					Analyses des gaz.						Températures observées dans les carneaux					
HEURE DE L'OBSERVATION.	Nombre de brouettes à 88k	Boites versées dans le gazogène.	Température dans le réservoir.	Eau contenue dans le réservoir.	Indication du compteur n° 1.	Indication du compteur n° 2.	INDICATION du manomètre.	LIEU de la prise de gaz.	CO^2	O	CO	Az et autres gaz.	TOTAL.	Entre la chaudière et les bouilleurs.	A l'extrémité de la chaudière.	Avant les réchauffeurs.	Après les réchauffeurs.	A la base de la cheminée.	OBSERVATIONS.
heures. 6 matin.	10	»	degrés. 24	kil. 1620	13.050	»	atmosph. 6 1/4	»	»	»	»	»	»	degrés. 625	degrés. »	d g s. »	degrés. »	»	Pour contrôler le mesurage de l'eau d'alimentation, on faisait passer cette eau successivement dans un réservoir jaugé, puis dans deux compteurs placés sur la même conduite.
7 »	»	2	»	»	»	»	5	Gazogène..	0	»	»	100	100						
								Chambre de combustion .	16	»	»	84	100						
								Extrémité de la chaudière.	17 1/2	»	»	82 1/2	100						
8 »	»	2	»	»	»	»	5	Gazogène..	1	»	»	99	100	»	336	332	262	»	
9 »	»	2	»	»	»	»	5	Chambre...	17	»	»	83	100						
								Extrémité..	16 1/2	»	»	83 1/2	100						
10 »	»	2	»	»	»	»	5	Gazogène..	0	»	»	100	100	626	»	»	»	»	
								Chambre...	16	»	»	84	100						
Midi.	5	2	24	850 (1)	»	»	6 1/2	Extrémité..	16 1/2	»	»	83 1/2	100	»	326	321	»	»	
1 soir.	»	2	»	»	»	»	5												(1) Ces 850 kilog. d'eau ont été envoyés dans une chaudière voisine. La chaudière à gaz a reçu par conséquent 7,750—850=6,900 kil. d'eau.
2 »	»	2	»	»	»	»	4 3/4	Gazogène..	1	»	»	99	100	490	»	»	»	»	
3 »	»	2	»	»	»	»	5	Chambre...	18 1/2	»	»	81 1/2	100						
								Extrémité..	16 1/2	»	»	83 1/2	100	»	398	358	»	»	
4 »	»	2	»	»		»	5	Gazogène..	0	»	»	100	100				263	»	
5 »	»	2	»	»	»	»	4 1/2	Chambre...	16	»	»	84	100	708	»	»	»	»	
6 »	»	»	29	1620	20.800	»	4	Extrémité..	15	»	»	85	100						
»	15	»	Me 25 2/3	»	Diff. 7750	»	Me 5	»	»	»	»	»	»	»	»	»	»	»	La quantité de combustible brûlée le matin, avant six heures, pour mettre le gazogène en allure normale a été de 500 kil. Tout le combustible apporté a été consommé.

Expériences sur le rendement de la chaudière chauffée par le gazogène

Nature et provenance du combustible. GRAND HORNU.
Humidité dans le charbon pris au tas. 2.21 0/0
Analyse du combustible sec. { Gaz... 27.72 / Coke.. 72.28 } 100
Cendres. 9.36 0/0
Surface de chauffe de la chaudière.. 52mq.

Poids de combustible brut consommé en 11 heures.......... 818k.00
Poids d'eau vaporisée en 11 heures.......... 6845 .00
Poids de scories (sèches) en 11 heures.......... 76 .5
Poids d'eau vaporisée par kilogramme de combustible brut.. 8 .37
Poids d'eau à 0° vaporisée par kilogramme de combustible pur. 8 .83
Poids d'eau vaporisée par mètre carré de surface de chauffe. 12 .00

1	2	3	4	5	6	7	8	9	10	11	12	13	14	15	16	17	18	19	20
	Combustible.		Eau d'alimentation.					Analyses des gaz.						Températures observées dans les carneaux					
HEURE DE L'OBSERVATION.	Nombre de brouettes à 88k.	Boîtes versées dans le gazogène.	Température dans le réservoir.	Eau contenue dans le réservoir.	Indication du compteur n° 1.	Indication du compteur n° 2.	INDICATION du manomètre.	LIEU de la prise de gaz.	CO^2	O	CO	Az et autres gaz.	TOTAL.	Entre la chaudière et les bouilleurs.	A l'extrémité de la chaudière.	Avant les réchauffeurs.	Après les réchauffeurs.	A la base de la cheminée.	OBSERVATIONS.
heures.			degrés.	kil.			atmosph.							degrés.	degrés.	degrés.	degrés.		
6 matin	6	6	27	925	21.230	»	4 1/2	»	»	»	»	»	100						La quantité de combustible brûlée pendant la nuit a été de 354 kilogrammes.
7 »	8	2	»	»	22.575	»	4 1/2	Gazogène..	1/2	»	»	99 1/2	100						
								Chambre..	16 1/2	»	»	83 1/2	100						
8 »	»	2	»	»	»	»	4 1/2	Extrémité..	17	»	»	83	100	610	375	»	»	»	
9 »	»	2	»	»	»	»	4 3/4	Gazogène..	0	»	»	100	100	»	»	401	»	»	
								Chambre..	17	»	»	83	100						
10 »	»	2	»	»	»	»	4 1/2	Extrémité..	15	»	»	85	100	626	352	342	»	»	
11 »	»	»	»	»	»	»	3 3/4												
Midi.	5	2	»	»	»	»	6	Gazogène..	1/2	»	»	99 1/2	100	»	»	»	300	»	
								Chambre..	13	»	»	87	100						
								Extrémité..	13 1/2	»	»	86 1/2	100						
1 soir.	»	2	25	»	»	»	4 1/4	»	»	»	»	»	»	629	368	342	»	»	
2 »	»	»	»	»	»	»	4 1/2												
3 »	»	2	»	»	»	»	5	Gazogène..	1/2	»	»	99 1/2	100						
4 »	»	2	»	»	»	»	4 3/4	Chambre..	14 1/2	»	»	85 1/2	100						
								Extrémité..	16	»	»	84	100	682	370	»	»	»	Il reste devant la chaudière 500 kilogr. de combustible.
5 »	»	2	»	»	»	»	4 1/2	»	»	»	»	»	»	»	»	329	»	»	
6 »	»	»	»	925	»	5.500	4	»	»	»	»	»	»	»	»	»	»	»	
»	19	»	Me 28 2/3	0	Diff. 1345	Diff. 5500	Me 4 1/2	»	»	»	»	»	»	»	»	»	»	»	
					Total. 6.845														

Expériences sur le rendement de la chaudière chauffée par le gazogène.

Nature et provenance du combustible.	GRAND HORNU.	Poids de combustible brut consommé en 11 heures.........	911k.00
Humidité dans le charbon pris au tas.	2.21 0/0	Poids d'eau vaporisée en 11 heures.........................	7850 .00
Analyse du combustible sec. { Gaz... / Coke..	27.72 / 72.28 } 100	Poids de scories (sèches) en 11 heures..................	89 .00
Cendres..............................	9.36 0/0	Poids d'eau vaporisée par kilogramme de combustible brut...	8 .61
Surface de chauffe de la chaudière..	52mq.	Poids d'eau à 0° vaporisée par kilogramme de combustible pur.	9 .08
		Poids d'eau vaporisée par mètre carré de surface de chauffe..	13 .72

1	2	3	4	5	6	7	8	9	10	11	12	13	14	15	16	17	18	19	20
	Combustible.		Eau d'alimentation.					Analyses des gaz.						Températures observées dans les carneaux					
HEURE DE L'OBSERVATION.	Nombre de brouettes à 88k.	Boîtes versées dans le gazogène.	Température dans le réservoir.	Eau contenue dans le réservoir.	Indication du compteur n° 1.	Indication du compteur n° 2.	INDICATION du manomètre.	LIEU de la prise de gaz.	CO^2	O	CO	Az et autres gaz.	TOTAL.	Entre la chaudière et les bouilleurs.	A l'extrémité de la chaudière.	Avant les réchauffeurs.	Après les réchauffeurs.	A la base de la cheminée.	OBSERVATIONS.
heures.			degrés.	kil.			atmosph.							degrés.	degrés.	degrés.	degrés.	degrés.	
6 matin.	500k	6	24	300	»	6.295	5 1/2	»	»	»	»	»	»						La quantité de combustible brûlée pendant la nuit a été de 293 kilogrammes.
7 »	»	2	»	»	»	»	5	»	»	»	»	»	»	»	»	»	»	»	
8 »	6	»	»	»	»	»	5	Gazogène..	1/2	»	»	99 1/2	100	»	»	»	»	»	
9 »	2	2	»	»	»	»	4 3/4	Chambre de combustion.	17	»	»	83	100	648	»	»	»	»	
								Extrémité de la chaudière.	16	»	»	84	100	»	»	»	»	»	
10 »	»	2	»	»	»	»	4 1/2	»	»	»	»	»	»	»	365	356	»	»	
11 »	»	»	»	»	»	»	4	»	»	»	»	»	»	»	»	»	»	»	
Midi.	»	»	»	»	»	»	6 1/4	»	»	»	»	»	»	»	»	»	»	»	
1 soir.	»	2	»	»	»	»	4 1/2	»	»	»	»	»	»	»	»	»	»	»	
2 »	»	3	»	»	»	»	4 1/2	»	»	»	»	»	»	»	»	»	»	»	
3 »	»	2	»	»	»	»	5 3/4	Gazogène..	0	0	21	79	100	»	»	»	»	»	
								Chambre (1).	9	9	1	81	100	»	»	»	»	»	(1) Résultat douteux.
4 »	»	2	»	»	»	»	4 1/2	Extrémité de la chaudière.	14 1/2	4	1	80 1/2	100	577	»	»	»	»	
5 »	»	2	»	»	»	»	4 3/4	»	»	»	»	»	»	»	410	417	»	»	Tout le combustible apporté a été consommé.
6 »	»	»	31	1390	»	15.235	2	»	»	»	»	»	»	»	»	»	»	»	
»	8 brouettes + 500k	»	Me 27.5	Diff. 1090	»	Diff. 8940	Me 5	»	»	»	»	»	»	»	»	»	»	»	
				Différence 7,850															

Expériences sur le rendement de la chaudière chauffée par le gazogène.

Nature et provenance du combustible.	Nœux, Fosse n° 4.	
Humidité dans le charbon pris au tas.	2.01 0/0	
Analyse du combustible sec. { Gaz...	28.87	} 100
Coke..	71.13	
Cendres....................	6.42 0/0	
Surface de chauffe de la chaudière..	52mq.	

Poids de combustible brut consommé en 11 heures..........	1031k.00
Poids d'eau vaporisée en 11 heures......................	8810 .00
Poids de scories (sèches) en 11 heures..................	126 .00
Poids d'eau vaporisée par kilogramme de combustible brut..	8 .54
Poids d'eau à 0° vaporisée par kilogramme de combustible pur.	9 .33
Poids d'eau vaporisée par mètre carré de surface de chauffe..	15 .40

1	2	3	4	5	6	7	8	9	10	11	12	13	14	15	16	17	18	19	20
	Combustible.		Eau d'alimentation.					Analyses des gaz.						Températures observées dans les carneaux					
HEURE DE L'OBSERVATION.	Nombre de brouettes à 88k.	Boîtes versées dans le gazogène.	Température dans le réservoir.	Eau contenue dans le réservoir.	Indication du compteur n° 1.	Indication du compteur n° 2.	INDICATION du manomètre.	LIEU de la prise de gaz.	CO^2	O	CO	Az et autres gaz.	TOTAL.	Entre la chaudière et les bouilleurs.	A l'extrémité de la chaudière.	Avant les réchauffeurs.	Après les réchauffeurs.	A la base de la cheminée.	OBSERVATIONS.
heures.			degrés.	kil.			atmosph.							degrés.	degrés.	degrés.	degrés.	degrés.	
6 matin.	6	7	28	100	»	15.235	5 1/4	»	»	»	»	»	»	»	»	»	»	»	La quantité de combustible consommée pendant la nuit a été de 377 kilogrammes.
7 »	6	2	»	»	»	»	5	»	»	»	»	»	»	»	»	»	»	»	
8 »	»	1	»	»	»	»	5 1/4	Gazogène..	1	0	20	79	100	»	»	»	»	»	
9 »	»	2	»	»	»	»	4 1/2	Chambre de combustion..	8.5	5 5	2 5	83.5	100	»	»	»	»	»	
								Chambre..	11	9	0	80	100	613	»	»	»	»	
10 »	»	2	»	»	»	»	4 3/4	Extrémité de la chaudière.	11	2	5	82	100	»	384	»	»	»	
11 »	»	»	»	»	»	»	4	Chambre...	14	5	0.5	80.5	100	»	»	336	»	»	
Midi.	2	2	»	»	»	»	6	»	»	»	»	»	»	»	»	»	»	»	
1 soir.	»	»	»	»	»	»	5	»	»	»	»	»	»	»	»	»	»	»	
2 »	»	2	»	»	»	»	5	»	»	»	»	»	»	»	»	»	»	»	
3 »	2	2	26	»	»	»	4 1/2	Gazogène..	0.5	0	20	79	100	»	»	»	»	»	
								Chambre..	13	5.5	0.5	81	100	676	»	»	»	»	
4 »	2	2	»	»	»	»	5	Extrémité de la chaudière	6.5	9.5	0.5	83 5	100	»	351	»	193	»	
5 »	»	2	»	»	»	»	4 1/2	Chambre..	15	3.5	0	81	100	»	»	349	»	»	Il reste devant la chaudière deux brouettes de charbon.
6 »	»	»	30	1075	»	25 020	2	»	»	»	»	»	»	»	»	»	»	»	
»	18	»	Me 28	Diff. 975	»	Diff. 9785	Me 4 3/4	»	»	»	»	»	»	»	»	»	»	»	
				Différence 8 810															

Expériences sur le rendement de la chaudière chauffée par le gazogène.

Nature et provenance du combustible. Nœux, Fosse n° 4.
Humidité dans le charbon pris au tas. 2.01 0/0
Analyse du combustible sec. { Gaz... 28.87 / Coke.. 71.13 } 100
Cendres........................... 6.42 0/0
Surface de chauffe de la chaudière... 52mq.

Poids de combustible brut consommé en 11 heures.......... 1127k.00
Poids d'eau vaporisée en 11 heures....................... 11858 .00
Poids de scories (sèches) en 11 heures................... 101 .00
Poids d'eau vaporisée par kilogramme de combustible brut.. 10 .52
Poids d'eau à 0° vaporisée par kilogramme de combustible pur. 11 .39
Poids d'eau vaporisée par mètre carré de surface de chauffe.. 20 .73

1	2	3	4	5	6	7	8	9	10	11	12	13	14	15	16	17	18	19	20
	Combustible.		Eau d'alimentation.					Analyses des gaz.						Températures observées dans les carneaux					
HEURE DE L'OBSERVATION.	Nombre de brouettes à 88k.	Boîtes versées dans le gazogène.	Température dans le réservoir.	Eau contenue dans le réservoir.	Indication du compteur n° 1.	Indication du compteur n° 2.	INDICATION du manomètre.	LIEU de la prise de gaz.	CO^2	O	CO	Az et autres gaz.	TOTAL.	Entre la chaudière et les bouilleurs.	A l'extrémité de la chaudière.	Avant les réchauffeurs.	Après les réchauffeurs.	A la base de la cheminée.	OBSERVATIONS.
heures.			degrés.	kil.			atmosph.							degrés.	degrés.	degrés.	degrés.		
6 matin.	4+2	4	25	525	»	25.670	5 1/2	»	»	»	»	»	»	»	»	»	»	»	La quantité de combustible brûlée pendant la nuit a été de 369 kilogrammes.
7 »	3	2	»	»	»	»	5	»	»	»	»	»	»	»	»	»	»	»	
8 »	6	1	»	»	»	»	5	Gazogène..	1	0	20	79	100	»	»	»	»	»	
								»	»	»	»	»	»	»	»	»	»	»	
								Extrémité..	15	2	2	81	100	»	»	»	»	»	
9 »	»	»	»	»	»	»	5 1/4	Chambre..	19.5	1	0.5	79	100	751	»	»	»	»	
10 »	»	2	»	»	»	»	5 1/4	»	»	»	»	»	»	»	396	350	244	»	
								Chambre..	16	0	2	82	100	»	»	»	»	»	
11 »	»	»	»	»	»	»	4 1/4	Extrémité..	16	2	0	82	100	»	»	»	»	»	
Midi.	»	2	32	»	»	»	5 1/2	»	»	»	»	»	»	»	»	»	»	»	
1 soir.	»	»	»	»	»	»	5 1/2	»	»	»	»	»	»	»	»	»	»	»	
2 »	»	3	»	»	»	»	5	»	»	»	»	»	»	»	»	»	»	»	
3 »	2	»	»	»	»	»	5	Chambre..	16	0.5	0.5	83	100	»	»	»	»	»	
								Gazogène..	5	0	16	79	100	»	»	»	»	»	
								Extrémité..	14	4	0	82	100	»	»	»	»	»	
4 »	»	2	»	»	»	»	5	Gazogène..	0	0	21	79	100	686	»	»	»	»	
5 »	»	2	»	»	»	»	5	»	»	»	»	»	»	»	397	376	219	»	
6 »	»	»	31	1050	»	38.053	3	»	»	»	»	»	»	»	»	»	»	»	Tout le charbon apporté a été consommé.
»	17	»	M° 29 1/3	Diff. 525	»	Diff 12383	M° 5	»	»	»	»	»	»	»	»	»	»	»	
				Différence 11.858															

Expériences sur le rendement de la chaudière chauffée par le gazogène.

Nature et provenance du combustible. Nœux, Fosse n° 4.
Humidité dans le charbon pris au tas. 2.01 0/0
Analyse du combustible sec. { Gaz... 28.87 / Coke.. 71.13 } 100
Cendres.................... 6.42 0/0
Surface de chauffe de la chaudière... 52mq.

Poids de combustible brut consommé en 11 heures.........	833k.00
Poids d'eau vaporisée en 11 heures......................	7825 .00
Poids de scories (sèches) en 11 heures..................	99 .00
Poids d'eau vaporisée par kilogramme de combustible brut.	9 .39
Poids d'eau à 0° vaporisée par kilogramme de combustible pur.	10 .12
Poids d'eau vaporisée par mètre carré de surface de chauffe..	13 .70

1	2	3	4	5	6	7	8	9	10	11	12	13	14	15	16	17	18	19	20
	Combustible.		Eau d'alimentation.					Analyses des gaz.						Températures observées dans les carneaux					
Heure de l'observation.	Nombre de brouettes à 88k.	Boîtes versées dans le gazogène.	Température dans le réservoir.	Eau contenue dans le reservoir.	Indication du compteur n° 1.	Indication du compteur n° 2.	Indication du manomètre.	Lieu de la prise de gaz.	CO²	O	CO	Az et autres gaz.	Total.	Entre la chaudière et les bouilleurs.	A l'extrémité de la chaudière.	Avant les réchauffeurs.	Après les réchauffeurs.	A la base de la cheminée.	Observations.
heures.			degrés.	kil.			atmosph.							degrés.	degrés.	degrés.	degrés.		
6 matin.	10	4	»	200	25.550	36.430	6	»	»	»	»	»	»	»	»	»	»	»	La quantité de combustible brûlée pendant la nuit a été de 369 kilogrammes.
7 »	1	2	»	»	»	»	5 1/4	»	»	»	»	»	»	»	»	»	»	»	
8 »	»	2	26	»	»	»	5	»	»	»	»	»	»	»	»	»	»	»	
9 »	»	2	»	»	»	»	5	Gazogène..	0	0	20	80	100	»	»	»	»	»	
								Chambre..	15	1	0.5	83.5	100	610	»	»	»	»	
10 »	2	2	»	»	»	»	4 3/4	Extrémité..	15	4	0	81	100	»	355	305	210	»	
11 »	»	»	»	»	»	»	5	»	»	»	»	»	»	»	»	»	»	»	
Midi.	»	2	»	»	»	»	6 1/4	»	»	»	»	»	»	»	»	»	»	»	
1 soir.	»	2	28	»	»	»	4 3/4	Gazogène..	0.5	0	20 1/2	79	100	»	»	»	»	»	
								Chambre..	13	1	4	82	100	»	»	»	»	»	
2 »	»	2	»	»	»	»	4 3/4	Extrémité..	15	1	3	81	100	659	»	»	»	»	
3 »	1	2	»	»	»	»	5	»	»	»	»	»	»	»	406	381	191	»	
4 »	»	2	»	»	»	»	5	Chambre..	13	1	4	82	100	»	»	»	»	»	
								Gazogène..	1	0	19	80	100	»	»	»	»	»	
5 »	»	»	»	»	»	»	4 1/2	Chambre..	17	0	1	82	100	»	»	»	»	»	Il reste 30 kilogrammes de charbon devant la chaudière.
6 »	»	»	30	1760	34.905	45.845	3	»	»	»	»	»	»	»	»	»	»	»	
»	14	»	Me 28	Diff. 1560	D. 9355	Diff 9415	Me 5	»	»	»	»	»	»	»	»	»	»	»	
					Moyenne 9385														
				Différence 7825 kil.															

Paris. Imp. VIÉVILLE et CAPIOMONT, rue des Poitevins, 6.

www.ingramcontent.com/pod-product-compliance
Ingram Content Group UK Ltd.
Pitfield, Milton Keynes, MK11 3LW, UK
UKHW020444230726
13925UKWH00004B/1797